大廚在我家 ❷

大廚基本法

■ 曾秀保（保師傅）／示範

■ 王瑞瑤／著

Chef
保

大廚在我家的烹飪工程學

文／曾秀保（保師傅）

烹飪也有工程學，從打地基、砌磚頭開始做起。

最好的例子是燴腰片，透過這道小菜，就能一窺烹飪工程學的殿堂。主角腰片是泡熟的，配角筍子與豆苗前者紅燒，後者汆燙，每個食材在料理前各有刀工與刀法，腰片對開割除裡面的白膜，還要在表面割出深刀痕，泡熟後會展成梳子片，並且去除尿臊味。筍子要先蒸熟，去筍殼、削老肉、切小片才能入鍋燒製。豆苗要摘嫩芽，燙完了要涼透，才能與腰片一起調味，最後放進筍子一起會合。

如果把做菜比喻成蓋房子，有的是木工，有的是水電工，也有泥水工、裝潢工等，大家各司其職，才能把房子蓋起來，所以烹飪就像建築，有專業也有細節，不是燙一燙或炒一炒就好了。雖然簡單料理很流行，少油少鹽更是烹調主流，但是美食是人生的至高享受，也是感情交流、傳承愛意的一種方法。

有學生告訴我，自從跟我學做菜，並且回家試做之後，她的先生天天都回家吃晚飯，甚至還問明天吃什麼？在以前家家戶戶都開伙的日子或許不稀奇，可是時至今日，每個人都仰賴外食，在家根本不下廚，聽到學生的話，除了欣慰更加稱羨，不是想教人用美食管住老公的胃，而是希望透過美食，找回更多的愛與關懷。

二十五年之後仍是基本法

文／王瑞瑤

　　二〇一三年一月，我與先生聯手合寫《大廚在我家》，以自己的經驗，紀錄整理一個不擅烹飪，卻愛霸占廚房的上班族婦女，面對廚藝高超的五星級大廚老公，是如何重建觀念，由淺入深，在家裡摸索學習美味料理的關鍵。書中第一章「基本功，練一練」收錄了熟雞應用法、牛肉基本法、蝦仁上漿法、老滷速成法、一試上癮的保師傅經典紅油等五個基本功，而且堅持書寫方式不限字數，不厭其煩，不能精簡，就是不想迎合時下強調步驟簡單，不願秀真功夫的暢銷食譜主流。

　　記得新書一到手便送回娘家，我小妹翻了翻，忽然抬頭問我：「妳還記不記得那一本用電腦打的，還是點陣列印，割下來貼在大本筆記簿裡的那本食譜？我一直留到現在耶！」

　　啊，沒錯，是有一本這樣的食譜！二十五年前，我隨父親返鄉探親，見奶奶的第一面與最後一面。那時不得已，留下了小妹一人照顧年邁的外婆，而我擔心從小沒洗過米、煮過飯、炒過菜，只會張口吃和負責洗碗的小妹，會把自己和外婆給餓死，所以請父母口述幾道家常菜，再參考書架上傅培梅等老師的幾本食譜，熬了幾個晚上，趕製出六個章節，三十二道菜餚的菜鳥食譜。

　　哇，好誇張，居然還在，而且除了紙張微黃以外，看起來就跟新的沒兩樣，我念頭一轉，突然想到：「莫非妳在二十五年前根本沒有進廚房照著食譜做來吃嗎？」

　　「哎呀呀，我有啊，我做了一～～～道菜，是番茄炒蛋，真的真的，妳看，這一頁還有兩滴油漬呢！其他的還來不及做，你們就回來了嘛！」小妹

二十五年前為小妹製作的家常食譜，說的居然就是基本法。

紅著臉，急揮手，想掩飾這本食譜幾乎不曾派上用場的事實。

嗯，實在很有趣，翻閱這本先進科技加土法煉鋼的食譜，嘿，我發現了什麼，六個章節的第一篇全是基本法：炒菜、煎魚、蝦仁、煮湯、飯麵餅，以及煮粥等，沒想到二十五年前教我老妹做菜，腦袋裡想的就是基本法，與即將出版的《大廚在我家2大廚基本法》竟然不謀而合。

「馬步蹲一蹲，邏輯通一通，招式練一練，料理變輕鬆」，這是我與保師傅合寫《大廚在我家》的初心，其實更希望達到「簡化五星大廚的繁瑣廚藝，建立家常烹飪的合理邏輯，培養家庭主婦的做菜概念，達成中華料理的美味傳承。」但老實說，光是要我先生簡化廚藝就要吵半天，寫書的這段時間，家裡氣氛劍拔弩張，一字之差，一言不合，引爆口角，他總是很堅持做菜的細節，例如：蔥薑蒜爆香不要動，聞到香味再翻炒，先熗酒再噴醬油，放了清水才加糖，還要追加白胡椒粉和香油，連最後勾芡都要有濃與稀的程度描寫。

這是我從事文字工作以來最大的挑戰，如何生龍活虎忠實呈現我先生做菜的訣竅，又不像老太婆的裹腳布又臭又長。可是看了又看，我還是妥協了，希望保師傅如神曲般不斷重複洗腦般教做的料理方法，能夠幫助愛做菜或不愛做菜，喜歡吃卻不會做的人，料理出一桌讓自己滿意，令親友幸福的好菜。

《大廚在我家2大廚基本法》，也是曾秀保保師傅入行以來，從最普通、最常見、最便宜的食材下手教做菜餚，希望你喜歡，更希望你捧著書下廚房，感受美味所帶來的快樂與力量。

Contents

大塊肉

基本法

從豬肚子到後背環繞一圈都叫五花肉，但肚子較薄，肥瘦易分離，後背靠近肋排，肉厚多層次，大塊肉選擇後背肉為宜。

九歲時，我母親驟逝，大哥接下母親留下的小吃攤，在外工作的父親為了安定家庭，從餐廳外場選了一位服務生，與我大哥結為連理，從小都吃媽媽親手煮的滷肉飯、豬油拌飯、紅糟肉、什錦麵長大，但十一歲以後，大嫂進了門，每天固定滷一鍋肉，除了五花肉，還有滷蛋和三角油豆腐，每天添新續舊。

那時五花肉便宜，醬油好香，一天滷過一天，天天滿室生香，每天吃肉配飯不覺膩，大嫂用這一鍋餵飽全家大小，滷肉幾乎成為家裡唯一的主菜，也讓我從小就很愛，也很會滷肉。

大塊豬肉

　　滷肉要香，辛香料、五花肉都要煎香，料酒和醬油也要趁熱熗出味，雖是中式料理，但建議使用鑄鐵鍋或厚底燉鍋烹調。

　　大塊豬肉基本法：煎辛香料→煎肉→熗酒→調味→燜燒→收汁

必學菜餚：紅燒肉

材料：
五花肉一點五斤、青蔥三枝、大姆指般中薑兩塊、大蒜六粒。

調味料：
食用油三大匙、八角一個、砂糖半大匙、米酒四大匙、冰糖一大匙、醬油三分之一碗、胡椒粉一茶匙。

前置：
1.五花肉切大塊，寬度約三公分。
2.青蔥、老薑、大蒜用菜刀刀面拍一拍。

做法：
1.中大火熱鍋，倒入食用油，輕輕搖鍋，均勻油溫。
2.蔥薑蒜入鍋爆香，不急著翻動，聞到焦香，略炒。
3.放五花肉，仍不動，以煎代炒。
4.聞到肉香，翻肉，續煎，並加八角。
5.再聞肉香，加砂糖，翻炒變焦糖色。
6.紅肉轉白，見肉收縮，沿鍋邊熗酒。
7.翻肉五秒待酒氣揮發，加醬油繼續炒二至三分鐘*。
8.加水至肉的八成高，再加冰糖**、胡椒粉。
9.見湯汁滾沸，轉小火，加蓋***燜煮四十分鐘至一小時，每十五分鐘上下翻動一次。
10.取筷戳肉，若稍微用力即可穿透，表示火候正好，開大火，試味調整收汁起鍋。

大塊豬肉基本法再運用：

1.紅燒排骨、紅燒豬腳、紅燒蹄膀的基本法皆相同。
2.排骨剁約五公分長，豬腳要先煎皮，滷一個半至兩小時，見關節爆開。

五花肉切大塊。

選用聚熱力強的銅鍋來滷肉。

以煎代炒讓肉收縮。

熗了料酒再加醬油。

加水至肉高的八成。

上面壓盤子，滷肉均勻不碎裂。

*此時可加油豆腐或大腸頭一起紅燒。油豆腐先用熱水汆燙，大腸頭先水煮五十分鐘。再切小段。
**想吃偏甜的江浙口味，冰糖增至兩大匙。
***在肉上面先倒扣一個盤子，再蓋上鍋蓋，豬肉可充分浸汁，燒製更加入味。

大塊蹄膀

　　用電鍋做蹄膀的靈感，是源於餐廳宴席菜的大量製作，昔日蹄膀先煮到豬皮膨脹，撈出抹糖色，入鍋炸上色，再加調味料蒸製，不過做法好看不好吃，如今轉一個彎，改良方法，方便又美味。

　　大塊蹄膀基本法：戳肉→醃肉→煎肉→調味→蒸肉→收汁

蹄膀戳洞，幫助入味。

撒鹽塗抹，使肉有味。

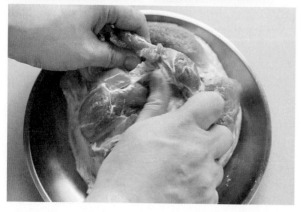
雙手按摩，均勻滋味。

必學菜餚：紅燒蹄膀（電鍋法）

材料：

蹄膀一個約重一斤多（醃肉鹽巴少許）。青蔥三支、老薑一塊、大蒜四粒。圓糯米一大匙、濾茶袋一個。另備：真空水煮桂竹筍一斤。

調味料：

食用油三大匙、紹興酒兩大匙、醬油五大匙、八角半個、冰糖兩大匙、清水四大匙。

前置：

1.取長籤在蹄膀表面戳洞，抹上一層薄鹽巴，醃半小時。

2.圓糯米裝進濾茶袋。

3.拉除桂竹筍筍尾老茸，對撕兩片，再用菜刀在筍頭處劃出零點八公分的梳子狀寬度，再一一撕開成條，排列整齊，切成四公分長段。汆燙瀝乾備用。

去除筍尾老茸。

雙手撕出細條。

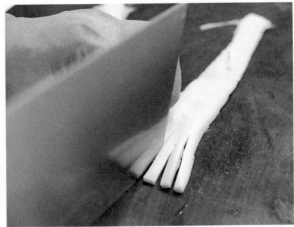

菜刀切開筍頭。

做法：

1. 熱鍋潤油，加冷油少許，待油熱，蹄膀的皮朝下煎至冒出疙瘩，皮轉上微煎瘦肉，並放蔥薑蒜同時煎香，取出備用。

2. 取十人份大同電鍋內鍋，依序放入：糯米袋、皮朝下的蹄膀、蔥薑蒜、醬油、紹興酒、八角、冰糖、清水。

3. 電鍋外鍋倒入四大杯清水，放進內鍋封保鮮膜放進外鍋，蓋鍋蓋，按下開關，見蒸氣冒出計時八十分鐘。

4. 時間一到，將蹄膀上下翻轉，並放進桂竹筍，外鍋補加熱水三杯，再蒸一小時。

5. 夾出糯米包丟棄，取砂鍋，先鋪桂竹筍，再放蹄膀，開中大火滾沸五分鐘，令油水乳化，試味調整即可。

熱鍋潤油基本法：

鍋子洗淨上爐→開中大火空燒→開始冒煙轉小火→慢慢加一大杓油
→轉動鍋子讓油均勻吃進毛細孔→倒出熱油即變不沾鍋

1. 中華料理不沾鍋的基本法，針對豬、牛、羊、魚以及豆干和豆腐等蛋白質含量高又容易黏鍋的食材，是爐火師傅炒菜的第一招，適用於鐵鍋、不銹鋼鍋等中華炒鍋，唯獨不適用塗層不沾鍋。

2. 中華炒鍋會生鏽，用畢刷洗乾淨，擦乾水份或火烤乾燥。若已經生鏽，則先乾燒再刷洗。

3. 購買菜市場五金行的平價中華炒鍋，第一次使用時，要用大火空燒鍋子，燒掉塗在上面的保護油，味道很臭，然後再用菜瓜布把鍋子刷洗乾淨。

電鍋滷蹄膀，滋味一級棒。

利用電鍋滷蹄膀，省時省工
又簡單。

入鍋燉煮前，先煎香豬皮，少
了這道手續，美味減一半。

蹄膀皮朝下進電鍋內鍋。

封保鮮膜前，同樣先壓盤。

大塊牛肉

愛吃牛肉料理的人，此招必學！牛肉先白煮，做為基本法，第一餐現吃清燉牛肉，第二餐便可燒製各種味道，分袋冷凍，靈活運用。

大塊牛肉基本法：汆燙→蒸軟（或煮軟）→分袋打包→燒製各種味道

材料：

美國牛肋條一公斤、白蘿蔔一條、紅蘿蔔一條，米酒三大匙、青蔥三枝、大姆指般中薑兩塊。另備：熱水。

前置：

1.牛肋條切塊約三公分見方，入沸水汆燙，撈出洗淨。
2.蔥與薑用刀面拍裂。紅白蘿蔔均去皮、切滾刀塊。

做法：

1.所有材料放進電鍋內鍋，加熱水淹過材料約四公分高度。
2.電鍋外鍋放水超過三杯，按下開關，蒸五十分鐘，再燜半小時，撈掉蔥薑。
3.放至冷透，連汁帶肉，分袋打包，飯碗計量，一碗一袋，再加原汁，約四人份，冷凍保存。可在前一天移至冷藏，或前一頓拿出解凍，就能方便燒製任何牛肉料理。

用電鍋把牛肉先蒸軟，是大塊牛肉的基本法。

經過基本法的牛肉，可快速烹製各種口味。

牛肉經過基本法處
理,紅燒牛肉十分
鐘即可上菜。

必學菜餚:紅燒牛肉

材料:
基本法處理之牛肉一碗與原汁半碗、大蒜四粒切末、薑末三分之一大匙、
蒜苗一枝分白綠,白斜切成片,綠細切成末。

調味料:
食用油一大匙、蠔油一點五大匙、紹興酒半大匙、砂糖三分之一大匙、白
胡椒粉少許、芡粉水*少許。

做法:
1.中大火熱鍋,加油爆香薑蒜,轉小火加蠔油、紹興酒炒香,放牛肉與原
　汁、砂糖、白胡椒粉。
2.開大火,加入蒜白,待煮沸轉小火,加蓋燜四至五分鐘,試味,轉中大
　火收汁勾芡,起鍋後入盤撒蒜苗末。

*芡粉水,比例為太白粉三大匙,清水四大匙,下鍋前記得再次攪勻。

23

必學菜餚：沙茶牛肉

材料：

基本法處理之牛肉一碗與原汁半碗、大蒜四粒切末、蒜苗一枝切段。

調味料：

食用油一大匙、沙茶醬一大匙、醬油膏一又三分之一大匙、米酒半大匙、砂糖三分之一大匙、茨粉水（見P.23）。

做法：

1.中大火熱鍋，加油爆香蒜末，加沙茶醬、醬油膏、米酒炒香，放進牛肉與原汁，再放砂糖，加蒜苗拌勻。

2.待煮沸，轉小火，加鍋蓋燜四至五分鐘，試味，轉中大火收汁勾茨。可撒少許蒜苗花裝飾。

燒製牛肉料理，少不了蒜苗佐味，但蒜苗要燒透燒熟，才會從生嗆轉熟甜。

必學菜餚：家常牛肉

材料：
基本法處理之牛肉一碗與原汁半碗、大蒜四粒切末、薑末三分之一大匙、蒜苗一枝切斜片。

調味料：
食用油一大匙、辣豆瓣醬一大匙、米酒半大匙、醬油三分之一大匙、芡粉水（見P.23）。

做法：
1.中大火熱鍋，加油爆香薑蒜與蒜苗，加辣豆瓣醬炒香，再噴米酒、淋醬油，放進牛肉與原汁。
2.待煮沸，轉小火，加鍋蓋燜四至五分鐘，試味，轉中大火收汁勾芡，起鍋入盤。

必學菜餚：貴妃牛肉

材料：
基本法處理之牛肉一碗與原汁半碗、蒸軟的紅蘿蔔塊六十克、蒜苗一枝切斜段、洋蔥丁六十克、大蒜四粒切末、磨菇片四粒。

調味料：
食用油一大匙、辣豆瓣醬半大匙、番茄醬兩大匙、蠔油半大匙、米酒半大匙、砂糖三分之二大匙、芡粉水、白醋一茶匙。

做法：
1.中大火熱鍋，加油爆香洋蔥丁和蒜末，再放磨菇片、辣豆瓣醬、番茄醬、蠔油炒香。
2.加米酒，放牛肉與原汁、紅蘿蔔、蒜苗，以及砂糖。
3.待煮沸，轉小火，加鍋蓋燜四至五分鐘，試味，轉中大火收汁勾芡，從鍋邊淋白醋拌勻即起。

學會大廚基本功，從此做菜舉一反三，一通百通。

必學菜餚：咖哩牛肉

材料：

基本法處理之牛肉一碗與原汁半碗、洋蔥片六十克、磨菇片四粒、香菜梗末半大匙。

調味料：

食用油一大匙、米酒半大匙、清水一大匙、咖哩粉三分之二大匙、薑黃粉一茶匙、砂糖三分之一大匙、魚露甩六下、鹽巴、芡粉水。

做法：

1. 中大火熱鍋，加油爆香洋蔥，放磨菇片與香菜梗末續炒出香，淋米酒、加水，轉小火放咖哩粉、薑黃粉，中小火炒至香氣出。
2. 再放入牛肉與原汁*，加砂糖、魚露，試味，以鹽巴調整，待煮沸轉小火，加鍋蓋燜四至五分鐘，試味，轉中大火收汁勾芡。

炒咖哩粉不能直接與熱油接觸，必須水油炒，否則會變黑又無法出香。

*可額外增加紅蘿蔔和馬鈴薯，兩者去皮、切滾刀塊，入電鍋蒸二十五分鐘至熟軟，燴牛肉時再一起加入。

嫩肉

基本法

肉要嫩，抓碼是基本，等於
是替肉類抹粉加濕，包上一
層保護膜。

　　傳統嫩肉有兩個關鍵步驟，一是抓碼，二是泡油。抓碼分紅白，紅是醃
醬油加全蛋，白是抓鹽巴放蛋白，這是為了配合菜餚醬汁的顏色而決定，
而抓碼嫩肉的關鍵是蛋液和太白粉有沒有充分與肉混合相黏。

　　至於泡油，涉及中華炒鍋的熱鍋潤油（見P.20）的基本功，以及用油量
較大的兩個問題，前者未確實執行，肉便黏鍋，後者則要使用比食材多兩
倍以上的炸油去滑炒，油溫又得控制在攝氏一百四十至一百五十度之間，
抓碼過的肉絲、肉片、肉丁等經過筷子的撥弄，才能在油中順利分散，若
油溫過高，高至攝氏一百七十度，肉便結成一坨，難以一一分明。

　　泡油、過油或滑油都是在同一環境、同一溫度、同一時間，迅速讓肉散
開，斷生的同時也能擁有同一熟度，之後只是完成爆香、調味、拌勻的動
作，肉不會變老變柴，表現出中華料理睥睨全球的快炒火候與功夫。

　　然而現代家庭料理不諳火候，又怕多油，卻可以利用現代鍋具彌補黏鍋
和用油的問題，直接使用不沾鍋便可達到嫩炒的效果，但是抓碼功夫仍不
可少，不沾鍋建議還是要燒熱使用。

嫩豬肉絲

　　冷凍豬肉硬梆梆像石頭，不妨用濕布包起來，裝進塑膠袋裡，前一天從冷凍移至冷藏，你會發現石頭怎麼變冰沙，摸起來硬硬的卻好好切，也不見出水狀況，這可是保師傅在千大餐廳當學徒時所學的基本法。

　　嫩豬肉絲基本法：切片→排列整齊→切絲→抓碼→不沾鍋滑炒→盛起

　　抓碼口訣：一醬二水三蛋四粉。醬油、清水、蛋液、太白粉依序且分別與肉類抓拌均勻。

如何對抗硬梆梆的冷凍肉？保師傅有妙方，教你讓凍肉變冰沙。

必學菜餚：豆干肉絲

材料：

里肌肉絲一百五十克、豆干四片、芹菜
六十克、青蔥一枝、大蒜四粒、辣椒四
分之一枝。

醃料：

醬油三分之二大匙、清水半大匙、蛋液
一大匙、太白粉一大匙。

調味料：

米酒半大匙、醬油半大匙、鹽巴三分之
一茶匙、砂糖一茶匙、清水三大匙、白
胡椒粉少許、香油半茶匙。另備：食用
油兩大匙。

前置：

1. 豆干橫片成薄片再切絲，芹菜拍一拍
   再切四公分小段，青蔥切粒，大蒜切
   片，辣椒切斜片。
2. 肉絲依序加入醃料，並抓拌均勻。

刀工影響火候，不管切的是
什麼絲，仔細切片，排列整
齊，下刀均勻，就能漂亮成
絲，若有粗細不一致，絲中
混碎渣，炒出來的菜自然不
好吃，大廚做好菜的功夫，
其實是從細節開始做起。

做法:

1. 大火燒熱不沾鍋,加油一點五大匙煎香豆干,上色微香即起,勿煎太焦太硬太乾。

2. 原鍋放肉絲,轉中火,以筷子持續撥炒,直至條條分離,肉色轉白,即盛出。

3. 加油半大匙爆香蔥蒜與辣椒,加豆干、芹菜,熗米酒、醬油翻炒出香,放鹽巴、砂糖、清水與白胡椒粉。

4. 見豆干回軟,芹菜轉深,加肉絲拌炒十秒,滴香油翻拌即起。

不沾鍋好用,但要會用,忌冷鍋下料,否則炒不出鑊氣。

用不沾鍋炒豆干肉絲,少了油,多了健康。

嫩牛肉片

除了抓醃料，牛肉的部位與厚度也影響口感的好壞。

嫩牛肉片基本法：選肉→逆紋切片→抓碼→不沾鍋滑炒→盛起

蔥爆牛肉，材料簡單，最易上手，凡是吃過，佳評如潮。

必學菜餚：蔥爆牛肉

材料：

美國牛小排淨肉一百八十克、青蔥五枝。

醃料：

醬油一大匙、蛋液一點五大匙、太白粉一大匙。

調味料：

米酒半大匙、蠔油一大匙、清水兩大匙、砂糖一茶匙、白胡椒粉少許、芡粉水少許、香油半茶匙。另備：食用油兩大匙。

前置：

1.美國牛小排逆紋切片，厚度零點三公分，青蔥斜切成段。

2.肉片依序加入醃料，並抓拌均勻。

做法：

1.大火燒熱不沾鍋，加油一點五大匙，待油熱，轉中火，放牛肉片，以筷子不斷撥炒，直至片片分離，肉色轉淡，即盛出，瀝出餘油。

2.原鍋加油半大匙，大火加熱，入蔥段炒十餘秒，加米酒與蠔油略炒，放清水、砂糖、白胡椒粉炒約十秒，下牛肉片拌勻，勾芡收汁，滴香油翻拌即起。

逆紋切片是嫩牛肉的基本。

多油滑牛肉，再瀝乾油。

蠔油直接觸鍋，可去除腥味。

嫩雞丁

雖然一個個排列煎香，比一股腦子滑入油鍋的速度要慢很多，但是，雞肉很嫩又不吃油，傳統菜新技法，值得家庭主婦一試再試。

嫩雞丁基本法：雞腿肉劃細格紋→切塊→抓碼→不沾鍋煎至硬挺→盛起

宮保雞丁，下飯好菜。

必學菜餚：宮保雞丁

材料：

去骨肉雞腿兩隻。青蔥兩枝、大姆指般中薑半塊、大蒜五粒、乾辣椒四分之一碗、花椒粒三分之一大匙。另備：去皮大蒜花生兩大匙。

醃料：

醬油一點五大匙、蛋液兩大匙、太白粉兩大匙。

調味料：

食用油兩大匙、辣油一大匙、香油半茶匙。

宮保汁：

醬油兩大匙、米酒一大匙、砂糖一點五大匙、白醋二大匙、清水一點五大匙、老抽四分之一茶匙、茨粉水一大匙。

前置：

1. 取去骨肉雞腿，在肉的表面輕輕劃細格子刀紋，先對切再對切成四條，每條切成兩公分見方小雞丁。
2. 雞丁依序加入醃料，並抓拌均勻。
3. 青蔥切粒，薑切成小菱形片，大蒜切片，乾辣椒剪成兩公分小段，用粗孔漏杓抖掉辣椒籽。

宮保雞丁有乾辣椒才夠味。

從有肉的那面劃刀，幫助味道滲透入裡。

抓碼仍是嫩肉必要步驟。

37

做法：

1. 大火燒熱不沾鍋，加油燒至微冒煙，轉小火，將雞丁一個個排進去，改中小火煎出香氣，約兩分鐘。

2. 用筷子將雞丁翻面，再煎一點五分鐘至兩分鐘，見雞丁從軟趴到硬挺，即可盛出。

3. 原鍋開中火加辣油，再放花椒和乾辣椒煸炒出香，放蔥蒜炒香。

4. 轉大火，倒入雞丁與宮保汁翻拌攪勻，見汁轉稠並附著在肉上，淋香油拌勻，盛盤，撒上去皮大蒜花生即可。

不用過油改油煎的雞丁，既嫩又香。

調製宮保汁，與雞丁齊下鍋，快速翻拌即可。

必學菜餚：咖哩雞

材料：

去骨土雞腿兩隻。馬鈴薯兩顆、紅蘿蔔一條、磨菇八粒、洋蔥半個、香菜梗末兩大匙、番茄一個。

醃料：

鹽巴三分之一大匙、米酒一大匙、太白粉二點五大匙。

煎肉調味料：

食用油兩大匙、麵粉兩大匙、咖哩粉一大匙。

調味料：

米酒兩大匙、清水兩大匙、咖哩粉兩大匙、薑黃粉半大匙、泰國是拉差辣椒醬兩大匙、泰國魚露甩十六下約一大匙、清水適量、砂糖一點五大匙。另備：食用油兩大匙。

前置：

1. 去骨肉雞腿同樣在肉上劃格子刀，一隻腿切成三條，每條切四塊，總共十二塊。

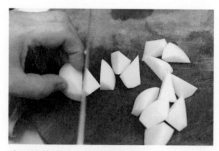
滾刀塊的刀法，家庭最常用。

煎雞肉時順便加麵粉，是結合西餐濃湯的手法。

避免咖哩粉炒焦，要與其他食材一起下鍋。

2.雞丁依序加入醃料，並抓拌均
　匀，並醃五分鐘。

3.馬鈴薯和紅蘿蔔均去皮、切滾刀
　塊，磨菇切片，洋蔥切絲，番茄
　去皮、切小塊。

做法：

1.大火燒熱不沾鍋，加油，將雞
　塊一個個排進去，均勻撒上麵
　粉*，煎出香氣，翻面再煎，
　並撒上咖哩粉，拌勻離火。

2.另取一鍋再加油燒熱，爆香洋
　蔥，加入磨菇、香菜末、馬鈴
　薯、紅蘿蔔一起翻炒。

3.加米酒，入清水、咖哩粉、薑黃
　粉在水油中拌炒，聞到咖哩香，
　倒進泰國是拉差辣椒醬、泰國魚
　露再炒香。

4.加清水，水高為材料的六成，放
　砂糖，下番茄，試味如湯鹹。蓋
　鍋蓋，小火燜二十分鐘。

5.放雞塊，轉大火煮滾，改小火燜
　煮十分鐘，大火收汁即起。

*加麵粉煎雞塊，可讓咖哩自然濃稠。

有別於日本與印度的香噴噴咖哩雞，吃一個禮拜也不膩。

煎肉排

基本法

　　一九四九年來台的第一代川菜老師傅很聰明，留下了大量製備又不會失敗，還能控制火候的烹調方法，我參考了魚香脆皮雞的老做法，做出了可煎可炸可烤的超完美雞排，將帶骨肉雞換成去骨雞腿，先在肉上面劃格子，讓醃汁容易滲透入裡，然後抓粉鋪平，上籠蒸到剛好斷生，放冷再煎或炸或烤，這一招讓雞排內嫩外酥，永遠不會不熟或太老。

　　在飯店工作期間，選用西班牙進口春雞，並採用一樣的方法，做出多汁味美的鵝肝醬春雞，當時擔任行政院長的連戰先生，最愛吃這道菜，哪怕是吃下了魚翅牛排，還能啃下半隻春雞。

　　學會了煎肉排基本法，再學會幾款熱門的基本醬，東西美味一網打盡。

西風東漸，大塊肉排人人愛，尤其是小孩子最愛吃肉。

中式牛排

　　女人敷面膜是為了保濕，牛排亦然，利用中華料理的醃肉法，為中式牛排調製獨家保濕面膜吧！

中式牛排基本法：劃肉→醃肉→吸水→熱鍋煎兩面→休息收肉汁

材料：
美國菲力牛排兩塊，每塊重約一百六十克至一百八十克之間。

醃料：
清水兩大匙、醬油三分之二大匙、砂糖三分之一茶匙、太白粉一大匙、米酒三分之一大匙。

前置：
1. 用菜刀在菲力牛排兩面劃出細格子狀，深度約零點三公分。
2. 醃料淋在牛排上，五分鐘翻面一次，醃十分鐘。
3. 廚房紙巾撕兩張，對折再對折，分置牛排上下方，吸乾水分。

做法：
1. 鑄鐵厚底煎鍋用大火燒熱，加了油再燒，火力維持中大，貼上牛排，大火煎一點五至兩分鐘，煎出表面焦香。
2. 翻面，加鍋蓋再煎一至二分鐘，確認兩面上色，離火，休息一分鐘，封住肉汁，即可食用。

在肉厚的菲力上面劃刀，兩面都要。

醃肉除了滋味，還帶塗粉。

厚底鑄鐵鍋煎牛排，事半功倍。

西式牛排

肉夠厚，燒熱鍋，大火煎，簡單明瞭，美味關鍵在選擇美國進口牛肉。

西式牛排基本法：醃肉→吸水→熱鍋煎兩面→休息收肉汁

材料：

美國肋眼牛排一塊，厚度不可少於兩公分。鹽巴與黑胡椒粉少許。

前置：

牛排兩面撒上少許鹽巴和黑胡椒粉，醃五分鐘，再用廚房紙巾吸淨表面血水。

做法：

熱鍋熱油加猛火，煎法同上，可煎出五至六分熟的西式牛排。

西式牛排要講究厚度，下鍋前再撒鹽巴與黑胡椒粉。

煎雞腿排

　　怎麼樣才能煎出皮酥脆、內含汁、質地嫩的雞腿排呢？江湖一點訣，說破不值錢，答案很簡單，超完美零失敗，就是先蒸過，再煎或再烤或再炸，餐廳秘技大公開，可大量製作，保證品質穩定。

　　煎雞排基本法：劃刀→醃肉→蒸熟→或煎或炸

材料：
去骨肉雞腿兩支。

醃料：
醬油半大匙、鹽巴一咪咪、紹興酒半大匙、白胡椒粉少許、砂糖一茶匙。
另備：太白粉一點五大匙。

前置：
1.雞腿在肉那一面劃格子刀，此舉可防止雞肉受熱收縮，並加速醃料滲透。
2.混合醃料，與雞腿抓拌一分鐘，使之均勻並滲透，撒上太白粉再拌勻。
3.雞皮朝下攤平置盤，入電鍋蒸，見氣上來，計時六分鐘，取出放冷。

雞腿排先蒸熟再煎酥，就沒有過熟或太生的問題。

做法：

煎：熱鍋潤油，加油待熱，將經過基本法處理的雞排，皮朝下以中火煎
到上色，再翻面，煎上色即可。

炸：經基本法處理的雞排，沾上特調三合一酥炸粉*，用攝氏一百八十度
熱油炸熟。

*特調三合一酥炸粉配方：粘師傅酥炸粉四成加糯米粉五成加麵粉一成。找不到粘師傅酥炸
粉可用玉米粉替代。

別懷疑，先蒸後煎的雞腿排，外酥內多汁，嫩得很！

煎明蝦排

　　乾煎明蝦排是台灣老川菜的傳統技法，仔細推敲，其實邏輯就像西式三溫暖，要先沾乾粉，才拖得住麵糊，用中華炒鍋一次最多煎出十二隻，尾朝內，成為搶眼宴席菜。

　　煎明蝦排基本法：開蝴蝶刀→醃蝦→沾乾粉→塗麵糊→入鍋煎熟

材料：
明蝦一斤約七至八隻的大小，每隻重約八十克至一百克左右。

醃料：
鹽巴少許、白胡椒粉三分之一大匙、紹興酒兩大匙。

煎明蝦排即使不沾醬也很好吃。

麵糊：

麵粉四十四克、太白粉四克、蛋液二十克、清水八十克、沙拉油四分之一大匙。另備：麵粉少許。

前置：

1.明蝦去頭，頭不要。（蝦頭可烤可炸可煮湯）

2.取剪刀從蝦背上剪開殼（光滑沒有腳的那一面），從頭至尾，再把腳剪掉，剔除黑色腸泥，保留綠或紅色的膏黃。

3.開背處用菜刀劃開，攤開就變對襯的蝴蝶刀法，用刀頭以點剁的方式斷筋，避免受熱後收縮。

4.在蝦肉那一面敷上醃料，醃五分鐘。

5.麵粉、太白粉、蛋液，加清水慢慢調成稀糊狀，以中孔漏杓過篩後，再加沙拉油調勻。

6.蝦肉那面撒上少許麵粉，再塗上稀麵糊，蝦殼那面不必塗抹。

做法：

1.平底鍋燒熱，加點油，塗麵糊那一面貼在鍋底，若使用中華炒鍋，一次可煎十二尾，用中小火慢煎兩至三分鐘再翻面，煎一點五分鐘即可。

2.淋上糖醋醬（見P.52），再撒上蔥絲、薑絲與辣椒絲，並以香菜葉裝飾之。

先用剪刀，再用菜刀，替明蝦開背。

以點剁刀法為明蝦斷筋。

先撒麵粉後塗麵糊。

以煎代炸，操作簡單。

佐肉排・六大醬

泰式椒麻汁：

醬油六大匙、冷開水兩大匙、砂糖三大匙、白醋三大匙、紅辣椒一條切末、大蒜六粒切末、青蔥一枝切末、香菜末一點五大匙、辣油一大匙、香油二分之一大匙、檸檬汁一點五大匙、花椒粉一茶匙，調勻即可淋在肉排上，輕鬆做出椒麻雞。

此醬另可佐炸物、拌生菜、沾水餃、拌粉皮，甚至搭配番茄加皮蛋，以及水煮五花肉。

台式五味醬：

番茄醬六大匙、醬油膏一大匙、BB辣椒醬一大匙、砂糖三大匙、烏醋兩大匙、檸檬汁一大匙、青蔥一枝切末、薑末一大匙、蒜末兩大匙、香菜末一點五大匙，調勻即可。

此醬另可用於炸物或白切。

酸甜糖醋醬：

中火熱鍋，加沙拉油一大匙，爆香洋蔥丁一大匙，加米酒半大匙、番茄醬四大匙，萬用糖醋水五大匙、鹽巴一咪咪、清水兩大匙，以芡粉水*一大匙勾芡，煮沸淋上香油少許。（可加入草莓丁或鳳梨丁兩大匙、冷凍青豆仁一大匙，增色添香）

此醬另可用於排骨、里肌、蝦仁等做成名菜。

*芡粉水，比例為太白粉三大匙，清水四大匙，下鍋前記得再次攪勻。

川味魚香醬：

　　中火熱鍋，加辣油一大匙、沙拉油半大匙，爆香半個大姆指大的薑末、大蒜五粒切末、辣豆瓣三大匙、米酒一大匙，炒香後加醬油三分之一大匙，清水五大匙，糖兩大匙，煮滾。放青蔥一枝切末、茨粉水一大匙勾茨，起鍋前淋香油三分之一大匙，並沿鍋邊淋白醋三大匙。

　　此醬另可用於烘蛋、牛肉、蝦仁，肉絲等經典川菜。

茄汁磨菇醬：

　　中火熱鍋，加入奶油半大匙與沙拉油半大匙，爆香洋蔥丁一點五大匙與磨菇八粒切片，加米酒半大匙、蠔油一大匙、番茄醬三大匙，炒香後放入水四大匙、砂糖兩大匙，以及烏醋一大匙、白胡椒粉少許，取茨粉水一大匙勾茨，點香油一茶匙即可。

　　此醬另可做燴飯，炒麵條，炒肉片。

黑胡椒醬：

　　先製黑胡椒底醬，取小鍋加熱溶化奶油三大匙，加入蒜末一點五大匙、洋蔥末一點五大匙，聞到香味，加入粗顆粒黑胡椒粉四大匙，轉小火慢炒，聞到黑胡椒香即可盛起。

　　另取一鍋，放奶油半大匙、沙拉油半大匙，爆香鴻禧菇三分之一包，再加米酒半大匙、蠔油一大匙炒香，放水四大匙、黑胡椒底醬一大匙，砂糖一茶匙，取茨粉水三分之二大匙勾茨，起鍋前追加香油半茶匙。

　　此醬老少咸宜，另可用於炒牛柳、炒麵條、燒烏參，甚至是燙蘆筍。

油炸

基本法

很多人怕油炸，不光是油炸看起來既油又膩又肥，最怕的是油炸的過程，不但搞得廚房像戰場，炸出來的食物又乏人問津，挫折感很大。

既然是炸，油溫最重要，掌控油溫的方法很多，像我用看的，用聽的，或在熱油裡灑一點水便知溫度高低，但一般家庭主婦不能照做，最好的方法就是買一支油鍋專用溫度計，直接測量，一目了然。

一般家庭油炸最常見的問題是炸過頭，除了掌握食材下鍋的正確溫度外，並適時轉小火浸炸入裡，還要懂得觀察食材狀態。

如果肉不熟，內含水，油泡會冒很大；若是浮起來，油泡變小，代表裡面已熟，便能開大火，逼出油，讓表皮變酥。

不過麵拖一下鍋就浮起來，所以無論是肉或魚，只要切一公分厚，炸兩分鐘就好了，而且麵拖不含油，油溫也不必太高，一開始為攝氏一百六十度，炸時增溫至一百七十度即可。至於乾粉則要高溫至攝氏一百八十度，否則一下鍋，粉吸油而爛糊，再怎麼炸都不會酥了。

乾粉油炸

明明沾好乾粉的排骨，為什麼一下油鍋，粉全跑光了呢？這件事也困擾了我很久，既然肉沾不住粉，就找「強力膠」密合，額外多加的蛋液和麵粉，是我研究多年的心得，另外沾上了乾粉，要等乾粉反潮變色，肉下鍋油炸不再跑粉，口感脆而不油。

乾粉油炸基本法：
醃肉→沾乾粉→大火入鍋→中小火浸炸→大火逼油→酥化表面

乾炸排骨結合了濕漿與乾粉，油炸才不會脫衣服、光溜溜。

必學菜餚：乾炸排骨

材料：

帶骨豬里肌大排兩片，每片一百二十克重，斬斷里肌大排邊緣的白筋，兩面劃淺格子刀。另備：地瓜粉、炸油。

醃肉：

大蒜末三粒、醬油一大匙、米酒半大匙、砂糖三分之一大匙、五香粉和胡椒粉少許，以上先與帶骨里肌大排抓拌均勻，再加蛋液一點五大匙、麵粉一大匙抓勻。

做法：

1.大里肌排按醃肉程序操作，一片片再沾地瓜粉，放置五分鐘讓粉由白變深，油炸時不容易脫落。

2.大火燒熱炸油至攝氏一百八十度，放入大排，轉中小火，浸炸三分鐘，再轉大火炸十五秒，撈起瀝油。

必學菜餚：糖醋排骨

材料：
帶肉的豬大里肌小排半斤，請肉販一條排骨剁成三塊，每塊約三公分長。
另備：地瓜粉、炸油。

醃肉：
醬油半大匙、砂糖半茶匙、鹽三分之一茶匙、米酒半大匙先與大里肌小排
拌勻，再加蛋液一大匙、麵粉一大匙拌勻。

糖醋綜合汁：
食用油半大匙、番茄醬四大匙、萬用糖醋汁四大匙*、清水兩大匙、米酒
半大匙、鹽巴一咪咪。另備：茨粉水一大匙、香油三分之一大匙。

做法：
1.大里肌小排按醃肉程序操作，一塊塊再沾滿地瓜粉，靜置五分鐘讓粉由
　白變深，油炸時不容易脫落。
2.大火燒熱炸油至攝氏一百八十度，放入醃好排骨，轉中小火，浸炸三分
　鐘，再轉大火炸十五秒瀝起。
3.倒出炸油，原鍋煮沸糖醋綜合汁，再勾茨，加香油，放排骨，翻勻即
　可。

豬大里肌小排先醃入味。

再沾地瓜粉靜置到反潮。

*萬用糖醋汁為一瓶六百c.c.工研白醋加十二兩（四百五十克）砂糖、鹽巴六克，另可用於宮
保雞丁、魚香肉絲、廣東泡菜、台式泡菜等。

糖醋排骨，中華料理經典名菜，非學會不可。

濕漿油炸

濕漿有兩種，一是食材與麵糊攪在一起炸，又稱軟炸，如軟炸里肌。另一種麵拖，又稱過橋麵糊，食材油炸前才沾麵糊，也就是一般人所說的脆漿。脆是低筋麵粉和太白粉混合的比例，麵糊膨脹是添加了泡打粉，關鍵是食材沾麵糊要稀薄不能稠厚，炸起來才能達到酥脆效果。

濕漿油炸基本法：
調味拌濕漿→大火入鍋→中小火浸炸→大火逼油→酥化表面

炸八塊各地方做法不一，山東式乾炸沾花椒粉即食，四川式則另行爆香，並使用梅林辣醬油。

必學菜餚：炸八塊

材料：

肉雞半隻，請雞販順骨頭劃開大雞腿，敲裂所有骨頭，也把肉敲勻，雞胸切成四塊，雞腿切成四塊，共八大塊。另備：香油一大匙、青蔥兩枝切粒、大蒜四粒切片、白胡椒粉、梅林辣醬油。

醃肉：

蔥花一大匙、薑末半大匙、大蒜末四粒、醬油一點五大匙、鹽巴半茶匙、紹興酒一點半大匙、胡椒粉撒三次、砂糖半大匙，以上先與雞肉拌勻，再加入雞蛋一粒、麵粉三大匙、太白粉三大匙攪勻。

做法：

1. 大火燒熱炸油至攝氏一百七十度，放入醃好雞塊，轉中小火，浸炸四分鐘，再轉大火炸二十秒瀝起。

2. 倒出炸油，加入香油一大匙，爆香蔥蒜，放雞塊，撒白胡椒粉，甩四次梅林辣醬油，拌勻即可。

梅林醬油可增加炸八塊的香味。

炸八塊調味後，翻拌即起。

必學菜餚：卜肉

材料：

豬後腿老鼠肉，或肩胛梅花肉或子排二層肉兩百克，逆紋切成一點五公分的厚片，兩面先劃淺格子刀，再切成長五公分，寬一公分條狀。

酥炸麵糊調好，記得用中孔漏杓過篩。

醃肉：

醬油三分之一大匙、鹽巴四分之一茶匙、米酒三分之二大匙、白胡椒粉撒兩次、五香粉撒一次、砂糖一茶匙，拌勻，醃六分鐘。

酥炸麵糊：

低筋麵粉四十克、太白粉五克、蛋黃一個、水七十克、泡打粉三分之一大匙，調勻，過篩，加入沙拉油十克。

醃好的肉條一一入麵糊。

做法：

1.醃好肉條排列整齊，先撒上少許麵粉，一一拖入麵糊沾裹均勻。

2.大火燒熱炸油至攝氏一百七十度，放入肉條，轉中小火，浸炸兩分半鐘，再轉大火炸十五秒瀝起。

3.沾佐番茄醬或白胡椒鹽食用，白胡椒與鹽巴比例為一比三分之二。

油炸物要多汁，技巧在中小火浸炸。

三溫暖油炸

　　熟記三溫暖油炸的步驟，絕不能偷工減料，馬虎省事，若麵粉沒有確實沾好，一下油鍋，就像自動脫衣服，肉歸肉，麵衣歸麵衣，分道揚鑣；若蛋液沒拖好，麵包粉就沾不上；若麵包粉未經重壓，一下油鍋全部跑光，油炸變搞笑。

三溫暖油炸基本法：
醃製→沾麵粉→拖蛋液→壓麵包粉→大火入鍋→中小火浸炸→大火逼油→酥化表面

三溫暖油炸法並不是中華料理，而是西餐技法，但學起來非常好用，特別是炸肉炸魚，麵包粉亦可換成燕麥片等。

必學菜餚：吉利魚排

材料：
鮭魚排兩片，每片八十克重。

醃魚：
米酒一大匙、鹽巴和白胡椒粉少
許，醃五分鐘。

三溫暖材料：
低筋麵粉四大匙、雞蛋一粒、麵
包粉三分之一碗。

做法：
1. 取三個大深盤，一放麵粉，二放
   打散的蛋液，三放麵包粉，粉類
   搖勻鋪平。
2. 醃魚排按照一二三的順序均勻沾
   裹，沾麵包粉時要稍為緊壓，然
   後提起抖落多餘麵包粉。
3. 大火燒熱炸油至攝氏一百七十
   度，放入魚排，轉中小火，浸炸
   兩分半鐘，再轉大火炸十五秒瀝
   起即食。
4. 沾佐現成的番茄醬，或日本美乃
   滋，或塔塔醬。

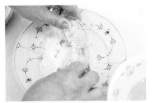

三溫暖順序沾裹麵粉、蛋液與麵包粉。

經過三溫暖的酥炸魚，就是吉利魚排。

65

絞肉

基本法

絞肉料理要好吃,有一個動作絕對不能省,買回來的絞肉不管是粗絞或細絞,都要用菜刀再剁兩分鐘,因為絞肉是從機器孔隙中硬擠出來的,肉碎了筋仍相連,口感絲絲很不好,所以菜刀剁的目的是為了斷筋,少做了這個步驟,滋味天差地遠。

絞肉基本法:

現成絞肉→刀剁斷筋→加蔥薑→拌調味料→用五指攪散→分次加水
→攪打至黏→加太白粉→拌勻→加香油→拌勻

絞肉是運用範圍最廣,最容易取得與操作的肉類料理,經典菜餚亦不少,圖為炸丸子。

必學菜餚：炸丸子

絞肉材料：

絞肉一斤（五花肉與梅花肉各半）、饅頭半個（或麵包粉三十克）、青蔥
兩枝、大姆指般中薑兩塊。

絞肉前置：

1.豬絞肉用菜刀剁兩分鐘。

2.蔥與薑切末。

3.饅頭切成青豆仁大小。若使用麵包粉則加水少許濕潤。

絞肉調味料：

A：醬油半大匙、紹興酒一點五大匙、鹽巴一茶匙、砂糖半大匙、白胡椒
　　粉少許。

B：清水三大匙、雞蛋一個。

C：太白粉兩大匙。

D：香油一大匙。

絞肉基本法應用：

1.A加入絞肉所有材料，以手拌匀。

2.B再加入，繼續攪打，直至肉黏，變膨，色轉淡。

3.C、D依序再加入，拌匀、吃入即可。

做法：

1.大火加熱炸油至攝氏一百六十度，轉中小火，用虎口將絞肉擠成貢丸大
　小，一一投入油鍋中，炸到浮起。

2.開大火，用大漏杓以順時鐘旋轉的方式，將炸丸子在油鍋中滾圓，前後
　炸約三分鐘，見上色即瀝出。

3.取花椒粉一大匙、鹽巴三分之二大匙，混合成花椒鹽沾佐即可。

多了饅頭丁或麵包
粉，炸丸子冒出發
酵氣息。

加饅頭或麵包粉的
用意在於讓丸子更
鬆軟、更Q彈。

利用杓子的圓底，
將丸子整形得更
圓。

必學菜餚：獅子頭

製作肉球：

1. 絞肉材料、前置、調味料，以及基本法同炸丸子。
2. 經基本法處理的絞肉，取出八十至一百克重，約女子拳頭大小，利用兩手互甩多次形成表面光滑的球狀。
3. 中小火燒熱不沾鍋，加油一大匙，待油溫微熱，轉小火，將肉球一一排入，轉中火將兩面煎香上色，外定型內未熟，即可取出。

製作獅子頭：

材料：

煎好的肉球、青蔥三枝、大姆指般中薑一塊、蝦米一點五大匙、青江菜一斤、四格一塊之凍豆腐兩塊。

調味料：

豬油兩大匙、紹興酒一點五大匙、蠔油一大匙、醬油三分之一大匙、高湯（見P.201）四百克、砂糖半大匙、白胡椒撒三下。

前置：

1. 蔥切四公分長段，薑切片，蝦米泡水三分鐘瀝乾，凍豆腐每塊切成四片厚塊。
2. 青江菜洗淨，摘下外葉大片，留下八至十片備用，青江菜心修去根蒂，一切二。

不沾鍋的品牌與材質有很多，截至目前為止，保師傅用過最滿意的，是學生特地從美國買回來的Swiss Diamond，不過此鍋在台灣賣價昂貴，從國外買回來比較划算。

獅子頭，分清燉與紅燒，各家做法不同，保師傅偏好以煎代炸，以青江菜取代白菜。

做法：

1. 煎肉球的原鍋加豬油燒熱，爆香蝦米、蔥段、薑片，下青江菜心，放紹興酒、蠔油、醬油炒香，再倒入高湯，撒入砂糖與白胡椒粉，煮沸熄火。

2. 取一砂鍋，先撈出青江菜墊底，再鋪進擠過水的凍豆腐，然後排好獅子頭，再將做法1.的原汁倒入，達到所有材料高度的六成。

3. 將預留的生青江菜葉覆蓋在獅子頭上面，加鍋蓋，開大火煮沸，轉小火燉煮二十五分鐘，試味調整。上菜前，將最上面已變黃乾萎的青江菜葉拿掉即可。

煎獅子頭為了定型，不必煎到全熟。

先炒料，製高湯。

兵分兩路進砂鍋，重新組合，再燉煮。

必學菜餚：蛋捲

絞肉材料：

豬絞肉一斤細絞（五花肉和梅花肉各半）、青蔥兩枝、大姆指般中薑兩塊

絞肉前置：

1. 豬絞肉再用菜刀剁兩分鐘。
2. 蔥與薑切末。

絞肉調味料：

A：紹興酒一點五大匙、鹽巴三分之二茶匙、砂糖半大匙、白胡椒粉少許。

B：清水一百二十克。

C：雞蛋一個

D：太白粉三大匙。

E：香油一大匙。

絞肉基本法應用：

1. 蔥薑與A加入絞肉所有材料攪打。
2. B分四次加入攪打，直至肉黏，變膨、色變淡。
3. C再加入絞肉拌勻起黏性。
4. D、E依序再加入，拌勻即可。

攤蛋皮：

1. 雞蛋兩個可烙一張大蛋皮，再加芡粉水一大匙、鹽巴少許，均勻混合成蛋液。
2. 取一尺三的中華炒鍋，熱鍋潤油，並用餐巾紙抹去鍋中餘油，把蛋液貼著鍋子勻進去，鍋子迅速繞一圈，將多餘的蛋液倒出來。
3. 用小火將蛋皮烘到起小泡，變熟即可取出。

攤蛋皮若用中華鍋就要熱鍋潤油，否則就使用不沾鍋。

用餡挑將絞肉塗抹在蛋皮上。

捲單邊是螺旋，捲兩端是如意。

做蛋捲：

1. 蛋皮攤開置冷，用刮刀塗抹薄薄一層處理好的絞肉，從頭捲到尾，斷面即呈螺旋狀。若兩端各捲一半，即為如意狀。

2. 取橢圓盤，刷上少許香油，排入蛋捲，入蒸籠蒸八分鐘至熟，待冷切片即可食用。

3. 蛋捲可單吃，或做火鍋料，或與海參、瑤柱、蝦仁等燴成三鮮蛋捲。

自製蛋捲的美味指數破表，便宜材料，多費功夫，創造驚喜。

必學菜餚：蛋餃

絞肉材料、前置、調味料，以及基本法同蛋捲。

材料；
經蛋捲基本法的絞肉、雞蛋三個打散。

調味料：
食用油適量、醬油一點五大匙、紹興酒半大匙、清水一碗、砂糖三分之一大匙、白胡椒粉少許。

做法：

1. 熱鍋潤油，轉小火，以喝湯的瓷湯匙取蛋液約一大匙多，倒入鍋中自然擴散成直徑五公分的圓形蛋皮，熄火。
2. 取八至十克絞肉放在蛋皮中間，趁蛋液未凝固之前，對折成半月形，再翻面煎香上色。
3. 原鍋加入所有調味料與蛋餃，開中火煮沸，加蓋煮四分鐘，試味調整，即起。

從煎蛋皮開始做的自製蛋餃，滿室生香，口水直流。

自製蛋餃美味無比，配白飯保證連吃三大碗。

煎好再燒製的蛋餃，是保師傅向永和鬆糕專家袁太太所學習的崇明島家鄉菜。

必學菜餚：汆丸子湯

絞肉材料：

豬後腿瘦絞肉一百二十克細絞兩次、青蔥一枝、大姆指般中薑一塊。

絞肉前置：

1.豬後腿絞肉用菜刀剁兩分鐘。

2.蔥與薑拍碎加半碗水，用手抓一抓，過濾留下蔥薑水。

絞肉調味料：

A：鹽巴一咪咪、砂糖三分之一茶匙、紹興酒半茶匙。

B：蔥薑水四十克。

C：蛋白三分之一個。

D：太白粉半大匙

E：豬油三分之一大匙。

絞肉基本法應用：

1.A加入絞肉攪打。

2.B分四次加入攪打，直至肉黏，變膨、色變淡。

3.C、D、E分次加入拌勻即可。

小黃瓜切片，要兩頭白兩邊綠。

製作氽丸子湯：

材料：
經基本法處理的絞肉、高湯（見P.201）八百公克、粉絲一把、榨菜三十克、小黃瓜一條、乾川耳五克、鹽巴少許。

前置：
1.川耳泡水發漲，洗淨去蒂，再換水蒸四十分鐘。
2.粉絲泡冷水十分鐘，瀝乾，用剪刀剪成小段。
3.榨菜切小片。
4.小黃瓜切兩刀變三段，再切成長方片。

做法：
1.開中火煮高湯，入榨菜、川耳，見湯冒煙微熱，轉小火，利用虎口擠肉丸，大小如小鳥蛋，直徑約五元硬幣大小。
2.絞肉全部擠進鍋裡才開大火，見湯快沸時，轉小火，慢慢煮到丸子浮起來，若輕壓回彈，表示已煮熟。
3.轉大火放入粉絲，沸騰後煮一分鐘，試味，以鹽巴調整，放進小黃瓜熄火，即起。

木耳泡水蒸過，味道大升級。

試試虎口擠丸子，會發現炸丸子與氽丸子的柔軟度截然不同。

不管是新手還是老手，熱水還是熱油，下丸子前都要轉小火，才不會手忙腳亂。

汆丸子的材料簡單
便宜，煮一大鍋要
不了一百元。

必學菜餚：珍珠丸子

絞肉材料：

豬絞肉四百克／三十粒份量（五花肉與梅花肉各半，絞一次）、青蔥一枝、大姆指般中薑一塊。

絞肉前置：

1.豬絞肉用菜刀剁兩分鐘。
2.蔥與薑切末。

絞肉調味料：

A：紹興酒半大匙、白醬油*一大匙、鹽巴一咪咪、砂糖三分之一大匙、白胡椒粉少許。

B：清水五十克。

C：雞蛋一個。

D：太白粉兩大匙。

E：香油一大匙。

絞肉基本法：

1.蔥薑與A加入絞肉所有材料攪打。
2.B分兩次加入攪打，讓絞肉完全吃水，直至變黏、變膨、色變淡。
3.C加入，拌勻起黏性。
4.D、E依序加入。拌勻即可。

製作珍珠丸子：

材料：

經基本法處理的絞肉、圓糯米兩斤、乾荷葉一張。

前置：

1.圓糯米洗淨，泡水四小時，瀝乾，平鋪在大盤裡。
2.乾荷葉一張，泡攝氏六十度溫水約二十分鐘，用刷子刷洗乾淨，先剪去葉脈中間的硬蒂，再剪成蒸籠形狀大小，代替蒸籠布鋪進蒸籠裡，顏色較綠的那面朝上，

為了怕熱水上溢，弄濕蒸籠，通常會多架一層做為保護。

做法：

1. 利用虎口擠丸子，每粒重約十五至十八克，直接放在糯米上，取米包覆其上，並輕輕抖圓。（若有兩人可分工合作，若一人操作，可先擠完丸子，再一次蓋米）
2. 將黏滿糯米的肉丸一一放荷葉上，每顆間隔半公分。
3. 大火煮沸蒸籠水，架上蒸籠**、蓋好蓋子，見蒸氣上來，計時二十五分鐘即可。

珍珠丸子要滑要嫩，一定要打水。

調味料依序與絞肉分次結合，手一定會痠，但很有成就感。

從虎口擠出的狀態，判定肉丸子是否軟硬適中。

將糯米布置好，一口氣擠出肉丸子排排站。

將米輕輕覆蓋在肉丸子上，並輕輕滾動，讓糯米黏滿肉球。

*珍珠丸子用白醬油調味，米才不會變黑變醜。

**蒸籠永遠要多準備一個，空空的放置在最下層，避免沸水上溢，浸濕珍珠丸子或小籠包等食物。

珍珠丸子一出籠，
絕對不能遲疑，要
第一時間半吹半
咬，快快塞進嘴
裡！

絞肉料理我最行

文／曾秀保

入行做廚師，初學是點心，加上從小到大最愛吃包子和餃子，所以對絞肉有研究也最在行。

想做獅子頭、汆丸子、炸丸子、蛋捲、蛋餃、餛飩、水餃、蒸餃、小籠包等等，都要先學會「絞肉基本法」，弄清楚做菜的邏輯、調味的順序，料理自是一通百通：

1.絞肉料理的萬用肥瘦比例為：豬五花肉和豬梅花肉一比一。但唯一例外是汆丸子，使用豬後腿的瘦絞肉，肥肉控制在瘦肉的一成以內。

2.絞肉打一種味道就好了，基本上是醬油味，但為求賣相好，包在裡面肉餡可多加點兒醬油，露在外面的則少加一點，或用淡色醬油、白醬油，或是鹽巴替代。例如：炸丸子少加一點醬油，珍珠丸子怕黑就不能加，水餃、蒸餃、小籠包可多加一點突顯香氣。

3.做炸丸子，蒸丸子、獅子頭時，若要口感更嫩，一斤絞肉可加進三分之一體積的板豆腐，或饅頭（切成米粒狀），或炒米（米不必洗，乾鍋炒至膨脹呈金黃色），或麵包粉（先泡高湯或清水）。

4.打絞肉有順序，先加蔥末、薑末和調味料，打到發黏起膠才加清水，進入打水程序，而清水不能一股腦子倒下去，肉吃不進水，得分四至五次加入、攪打。若做汆丸子，絞肉一斤最多加五兩水（約一百八十五克），小籠包餡則是五至六兩水，珍珠丸子則少於二兩，因為打水多了，蒸好了會塌下去。

5.油炸的絞肉例如炸丸子，不打水改加蛋，怕肉出水便炸不好。

6.做獅子頭和氽丸子不必摔、不用打，尤其是獅子頭，吃的是它的嫩，而不是做成大貢丸，如同打水加蛋也是為了口感鬆軟，所以摔摔打打全屬多餘。

7.利用調味料的鹹，將動物性蛋白質打出來，而且就用自己的五指做工具，手指微張呈弓狀，順同一方向用力攪打，將水打進絞肉裡，直至肉變膨轉白。

8.絞肉要打到蛋白質起膠，而不是加太白粉增黏，而且太白粉只加一點點，目的是把肉汁收住，讓肉質變滑口。

9.打好絞肉，先在表面撒上一點太白粉，最後才倒入香油封住絞肉。

10.炸丸子或包餛飩時，可額外添加蝦米和香菜，非常好吃，鮮上加鮮，這是我跟山東老丈人學的一招。

11.絞肉經過基本法處理可冷凍保存，但解凍後會略為出水，先將水倒出來，再分次打回絞肉裡，最後補些太白粉與香油即可。

12.年節前，利用絞肉基本法一口氣做好各式絞肉料理的準備工作，依水煮、油炸、包餡等分別調味、打水、冷凍，或是事先炸好冷凍，例如獅子頭，客人上門立刻可變出佳餚。

臘肉

基本法

　　臘肉，是臘月才有的肉，昔日過了農曆十二月才看到老師傅做臘肉、臘魚，當學徒的我在一旁幫忙。五花肉抹硝鹽、裝大缸，冷藏醃製五至七天，再用繩子串肉，吊起來吹風晾乾，至少吹個五天一個禮拜，再用鉤子勾肉，滿滿掛進烤鴨爐裡，先引燃木炭，再倒入大量木屑覆蓋，瞬間產生濃煙，這就是過年的味道。

昔日臘肉很平常，今日臘肉很稀奇，而能在家裡掛一條臘肉，更是奇觀。

臘肉

　　餐廳賣的蒜苗炒臘肉大多不好吃，原因有三，一是選擇了較瘦的腿肉，質地硬而柴。二是整塊肉丟進水裡煮三、四十分鐘，圖方便，失原味。三是臘肉都切太厚，煸起來沒有油香，有的甚至還勾了芡，吃起來滑滑黏黏，倒盡胃口。

　　臘肉基本法：選肉→切肉→汆燙→炒製

1. 臘肉要選肥的五花肉，不要選瘦的後腿肉，夠肥才好吃。
2. 臘肉先去皮再切薄片，厚度約0.2公分左右。
3. 熱水燙臘肉，去鹹去髒，五秒即瀝出。

臘肉不能切太厚，炒製前先汆燙，這個步驟很重要。

必學菜餚：蒜苗炒臘肉

材料：

臘肉一百五十克、熟筍一枝、辣椒一條、大蒜四粒、蒜苗兩枝、辣油一大匙、水一大匙、醬油三分之一大匙、米酒一大匙、砂糖半茶匙、香油半茶匙。

前置：

臘肉經基本法處理。熟筍、辣椒、大蒜、蒜苗均切片。

所有材料均切片，包括蒜苗、辣椒、熟筍等。

做法：

1. 大火熱鍋，加辣油一大匙，爆香辣椒與大蒜，放入臘肉，改小火，煸至肥肉出油並變成微透明、邊捲曲*。
2. 轉大火，下蒜苗與筍片略翻，沿鍋邊熗米酒、加砂糖炒兩下，加水使臘肉回軟，令蒜苗熟甜。
3. 快炒十幾秒，噴醬油**，滴香油即起鍋。

臘肉經基本法處理，辛香料爆香後才下鍋煸炒出香溢油。

*煸臘肉，時間不宜太長，否則肉乾不好吃。
**醬油取其香非其鹹，量不必太多。

臘肉基本法再運用

　　高麗菜炒臘肉、蒜苔炒臘肉、芥蘭炒臘肉等全是配飯或下酒的好菜，另外可用於炒麵、煮麵、炒飯，燻香更明顯，或是煮火鍋、砂鍋，當火腿提味。

若不懂炒製訣竅，臘肉的滋味死鹹，肉質很硬，無法大口享用。

烹魚

基本法

　　台灣人在家裡最愛吃煎魚，任何魚都拿來乾煎，馬頭、虱目、赤鯮、嘉鮑都拿來煎，其次是醬油紅燒，熱鍋觸醬油，鹹香下飯，再來便是炸魚。

　　有趣的是，所有餐廳和辦桌都賣粵式蒸魚，即使是加了破布子、醃冬瓜一起去蒸成台式口味，最後也鋪上生蔥絲，澆上熱油涮一聲才出菜，做法和口味變得一致，也了無新意。

　　非常希望烹魚基本法所變化出來的清蒸魚、乾煎魚、紅燒魚、醋溜魚、糟溜魚、麵拖魚等等，能讓更多人學到中華料理傳統烹魚的方法，品嘗一魚百吃的美妙滋味。

1

2

3

4

料理黃魚，有專業手法，1.2.是除魚鰭，從後剪開背鰭，從尾至頭整條拉除；3.4.是去頭皮，同樣用剪刀剪開頭皮，用手拉掉，目的都是為了去腥。

烹魚

1.**退冰**：魚要完全解凍才能開始料理。

2.**洗魚**：除了刮魚鱗、去內臟，魚頭內
的黏液、腹內肉的黑膜，大骨側的血
塊等地方，一定要用小刀或刷子刮洗
乾淨，這些都是腥氣的來源。

3.**刀工**：

　　若是現宰活魚清蒸，直接用剪刀在
魚背肉厚處各戳六至七下。

　　若是冰鮮死魚就開蝴蝶刀，從魚肚
直接劃開，呈兩片如蝴蝶對稱，又稱
雙飛刀，並在魚背肉厚處各劃一刀。

　　若是乾煎或紅燒冰鮮魚，持斜刀在
兩側各劃四刀。

　　若是油炸魚，則在兩側劃格子刀，
如牛排烙痕。

4.**醃魚**：撒上鹽巴和米酒少許，放置五
分鐘。（滬式另有醃法）

5.**擦乾**：血水也是魚腥的原因之一，而
且不吸乾裡外的水份，煎炸會產生油
爆，增加烹調的危險。

嫌魚腥，就是沒洗乾淨，尤其是從
肚子的黑膜，到大骨的血塊，都是
腥氣來源。

視魚的死法，決定下刀的方法。

清蒸魚基本法

1. 先經烹魚基本法處理。

2. **鋪料**：淋上蒸魚汁，或鋪上蒸魚料。

3. **墊筷**：魚與盤間插進兩三根筷子，方便蒸氣穿透。

4. **蒸魚**：大火，水沸，放魚，加蓋，見白色蒸氣冒出，計時才開始。

5. **時間**：若開蝴蝶刀，魚重五百克蒸六分鐘；六百克蒸七分鐘，一公斤延長到十二至十五分鐘。若兩側劃兩刀：魚重五百克蒸七分半鐘，六百克重蒸八分半鐘。

6. **火力**：水沸放魚，加蓋密封，大火一路蒸到底，不用客氣。

7. **試生熟**：用筷子插進魚背最厚處，若輕鬆插入，表示魚已經熟了。

魚與盤之間要墊筷子，蒸氣可穿透，魚肉易熟透。

蒸魚不能亂亂蒸，視魚重，定時間，見蒸氣冒出，計時才開始。

滬式蒸魚，蒸魚汁要倒出回淋；廣式蒸魚，蒸魚汁則倒掉不要，重淋蒸魚醬油。

必學菜餚：滬式三絲蒸魚

材料：
鮮魚一條、豬油一大匙。

醃魚料：
青蔥三枝拍碎，大姆指般老薑兩塊拍碎，紹興酒四大匙，鹽巴半大匙，白胡椒粉和味精少許，混合抓捏出味備用。

蒸魚三絲：
青蔥兩枝切絲、大姆指般中薑一塊切絲、水發香菇三片切絲、熟金華火腿絲十二克、五花肉的肥油十五克切絲，混合均勻。

做法：
1. 鮮魚經烹魚基本法處理，唯醃魚不用鹽巴而改用醃魚料，皮朝下，只醃肉，醃十五至二十分鐘。
2. 拿掉蔥薑，擠出醃魚汁備用。
3. 魚翻過來，魚皮朝上，鋪上蒸魚三絲，回淋醃魚汁，並追加豬油。
4. 鮮魚經蒸魚基本法處理即可。

必學菜餚：廣式清蒸海上鮮

材料：

活魚一條、青蔥兩枝切絲、大姆
指般中薑一塊切絲。

調味料：

雞油兩大匙、李錦記蒸魚醬油*。

做法：

1. 活魚經清蒸魚基本法處理，但
省去醃魚步驟，並在魚身肉厚
處用剪刀插六至七下。
2. 倒掉蒸魚原汁，蔥薑絲鋪上魚
身。
3. 雞油燒熱，燒到冒煙，沖淋蒸
魚。
4. 原鍋趁熱加入李錦記蒸魚醬
油，見滾淋上魚身即可。

必學菜餚：台式破布子 （醃冬瓜）蒸魚

材料：

鮮魚一條。

蒸魚料：

破布子三大匙、大蒜三粒拍裂、
破布子汁一大匙、白醬油一大
匙、米酒一大匙、豬油一大匙。

做法：

1. 鮮魚經烹魚基本法處理。
2. 混合蒸魚料，鋪在魚身上，經蒸
魚基本法處理。

*廣式蒸魚醬油可自己製作：兩碗水加香菜梗三十克，小火煮八分鐘，取出香菜不要，再加
味精一茶匙、美極鮮味露半大匙、冰糖半大匙、雞粉與鹽巴少許一起煮滾，熄火待涼，調入
醬油三十五克，置冷裝罐冷藏。

必學菜餚：川式豆豉蒸魚

材料：

鮮魚一尾、大蒜四粒、大姆指般中薑一塊、紅辣椒一大條、五花肉六十克、豆豉一大匙。另備：青蔥一枝。

調味料：

豬油一大匙、辣油一大匙、辣豆瓣醬一大匙、米酒一大匙、醬油半大匙、清水兩大匙。另備：花椒粉半茶匙、香油半大匙、辣油半大匙。

前置：

大蒜切末，中薑切絲，紅辣椒去籽切絲，五花肉去皮切絲，青蔥切末成蔥花。

製作蒸魚料：

中小火燒熱炒鍋，加豬油與辣油，爆香蒜末、薑絲、紅辣椒絲，再放五花肉絲爆炒出油，舀入辣豆瓣醬，熗米酒和醬油，放豆豉與清水，略炒，煮沸五秒即熄火。

做法：

1.將蒸魚料鋪在魚身上，經蒸魚基本法處理。

2.取出，撒上蔥花與花椒粉。

3.燒熱香油與辣油，直至冒煙，淋上魚身即可。

乾煎魚

1. 先經烹魚基本法處理。但醃魚時
   鹽巴增量,米酒減量。

2. **撒粉**:撒上麵粉,讓表面乾燥,
   但粉不要太多太厚,撒完後可提
   起抖一抖。

3. **煎熟**:熱鍋潤油,中華炒鍋就不
   會沾黏,但煎魚的鍋要熱,油要
   多,忌一直翻動。放下魚,轉小
   火,耐心煎三至四分鐘,翻面後
   再煎三至四分鐘,此時可加鍋蓋
   縮短煎魚時間。

4. **不沾鍋煎魚**:初學者可用不沾
   鍋,但要學習煎酥的方法。

   先放油,開大火,待油熱,再
   放魚,轉小火,耐心煎。每一面
   煎三至四分鐘,上色變硬即可翻
   面加鍋蓋,但不要一直翻動,會
   皮破肉碎,最後開大火,煎酥兩
   面即起。

必學菜餚:外省式乾煎黃魚

黃魚一條,經乾煎魚基本法處
理。

必學菜餚:台式醬油熗赤鯮
（嘉納）

赤鯮或嘉納,經烹魚與乾煎魚
基本法處理,醃魚鹽巴不必加
重,米酒減量,起鍋前噴醬油,
下蔥段薑絲即可。

魚若乾煎,在兩側劃斜刀紋,深及骨。

除了擦乾水份,裡外撒些麵粉,亦
能讓魚身乾燥,煎魚更香更酥。

紅燒魚

1. 先經乾煎魚基本法處理。但乾煎魚的撒粉改成太白粉，而且大火煎至外酥香，內未熟，取出備用。

2. **紅燒**：中大火熱鍋，加油爆炒辛香料，並依序加調味料，放入乾煎魚，煮沸轉小火，加蓋燜煮，翻面，每面各燒三分鐘，開大火收濃汁即可。

紅燒魚人人愛吃，但紅燒之前必經烹魚與乾煎魚基本法，烹調萬無一失。

必學菜餚：紅燒大蒜黃魚

材料：

黃魚一條、青蔥兩枝切段、老薑四片、紅辣椒三片斜切、大蒜二十粒去硬蒂。另備：食用油兩大匙。

調味料：

醬油兩大匙、米酒一大匙、清水一碗、白胡椒粉撒兩下、砂糖三分之一大匙。

做法：

鮮魚經紅燒魚基本法處理。調味料依序下鍋。

紅燒魚噴香下飯，美味秘訣在最後開大火收汁變濃稠。

必學菜餚：老鹹菜黃魚

材料：
黃魚一條。老鹹菜末*兩大匙、熟
筍絲半條、青蔥一枝切末、中薑
末半大匙。

調味料：
豬油一大匙、紹興酒一大匙、清
水一碗、白胡椒粉撒三下、砂糖
三分之一大匙。

做法：
1. 鮮魚經紅燒魚基本法處理。
2. 蔥薑先用豬油爆香，再加老鹹菜
　末與熟筍絲，炒香後，調味料依
　順序下鍋。

必學菜餚：紅燒下巴

材料：
草魚頭不帶肉一個。青蔥一枝切
末、薑末半大匙、蒜苗絲一大
匙。

調味料：
食用油一大匙、紹興酒一大匙、
醬油三大匙、清水二碗、砂糖
三大匙、白胡椒粉撒三次、老抽
三分之一茶匙、茨粉水一點五大
匙、香油半茶匙、鎮江醋三分之
二大匙。

前置：
草魚頭剁開成兩塊，切雙飛刀卻
不斷刀，內有兩坨深色軟骨要拿
掉，洗淨擦乾。

草魚下巴對剖呈雙飛刀。

取出影響口感的深色軟骨。

開大火收汁時，也要舀汁不斷
回淋。

*老鹹菜細切成米粒狀，泡水兩分鐘洗淨，擠乾水份即可使用。

做法：

1. 熱鍋潤油，加油加熱，爆香蔥薑末，魚頭滑入鍋，魚臉朝下，搖鍋煎之。

2. 淋紹興酒與醬油熗鍋，改中小火，繼續搖動，讓香味上來。

3. 加清水淹過魚頭超過一半，放砂糖與白胡椒粉，老抽調色，煮滾上蓋，五至六分鐘。

4. 魚頭熟透，試味確認鹹甜鮮，開大火收汁，勾芡變濃，淋在魚頭上。

5. 起鍋前下香油和鎮江醋，溜醋不為酸，是為了去腥。

6. 將魚頭翻面，盛盤，撒上蒜苗絲即可。

鹹甜中帶有起鍋醋的甘香，並勾濃芡將汁收在下巴表面，才是紅燒下巴的正宗做法。

溜魚

1. 先經烹魚基本法處理，但不必醃。
2. 溜魚最常見的兩種口味為糟溜與醋溜，通常不用整條魚，只用不帶刺的魚片。
3. 昔日溜魚採油泡法，今日溜魚改水浸法，汆水掛汁，或汆水燒之，魚不會老，少油更健康。（汆水，用溫水將魚泡熟瀝乾；掛汁，將醬汁澆在魚身上）

西湖醋魚是江浙溜魚技法的代表，只使用草魚肚膛，刺少又肥嫩。

必學菜餚：西湖醋魚肚膛

材料：
草魚中段一塊重約四百五十克

刀法：
草魚開扇子刀，採斜刀法劃四刀不斷，
第五刀切斷，在肉厚的魚背處下刀，不
切肉薄的魚肚子，攤開即呈扇子狀。

汆魚調味料：
清水一點五公斤、紹興酒一大匙。

糖醋汁：
汆魚原汁四大匙、薑末三分之一大匙、
醬油兩大匙、砂糖兩點五大匙、鎮江醋
三大匙、紹興酒三分之一大匙、茨粉水
一點五大匙*、嫩薑絲一大匙。

做法：
1. 清水入炒菜鍋煮沸，水滾加紹興酒，
   魚片皮朝下放入，再沸轉小火，泡煮
   四分鐘。小心控制水溫，絕不能滾
   沸，否則魚便煮老。
2. 撈出魚，皮朝上，瀝乾水，盛盤備用。
3. 糖醋料下鍋煮沸，試味再調整，勾濃
   茨，淋上魚身，鋪上薑絲即可。

*茨粉水：清水四大匙加太白粉三大匙，下鍋前調
勻。

草魚肚膛以斜刀開成扇子狀。

魚肉要嫩，謹記水沸放魚，轉小
火，維持不滾狀態，此為汆水。

糖醋汁下鍋煮沸，並勾成濃茨，直
接淋在魚身上，即為掛汁。

必學菜餚：北方糟溜魚片

材料：

鯛魚兩百五十克。

刀法：

鯛魚斜刀零點五公分厚片，鯛魚肉很嫩，必須順紋切片，若逆紋切，一煮便會斷裂，所以先對切，再順紋下刀。

醃魚料：

鹽巴兩克、蛋白四分之一粒、太白粉一點五大匙。

糟溜汁：

青蔥半枝切末、薑末半大匙、紹興酒半大匙、清水三大匙、酒釀一點五大匙、砂糖三分之二大匙、白醋半大匙、鹽巴少許、芡粉水一大匙、香油三分之一大匙。

做法：

1. 醃魚片，先放鹽，拌均勻，再下蛋白，抓拌起黏性，撒太白粉抓勻。
2. 開大火煮沸水，轉小火，魚片一一放進去，泡煮一分鐘，瀝起。
3. 蔥花薑末爆香，加紹興酒、清水、酒釀、砂糖、白醋與鹽巴，煮滾，放魚，再滾，搖一點芡粉水，起鍋前淋香油。

便宜的鯛魚肉適合做糟溜魚片。

鯛魚肉易碎，必須順紋切厚片。

魚肉滑嫩，一部份靠醃魚手法。

糟溜魚片肉嫩醬甜，適合老人小孩食用。

魚肉經溫熱水泡熟。

糟溜汁裡加酒釀，不但味甜，另有甜甜發酵香。

勾芡才能讓醬汁黏在魚肉上。

東南西北論蒸魚

文／曾秀保

　　瑞瑤與同事聚餐回來，嘰嘰喳喳跟我討論蒸魚。她說，出錢請客的長官點了一條清蒸海上鮮，魚上桌，鰭高舉，皮爆開，肉雪白，這條魚看起來既新鮮且誘人，大家七嘴八舌一直纏她，讓她回來問我：在家蒸魚應該怎麼做，才能像外面餐廳賣的那麼漂亮又那麼好吃？

　　蒸魚學問大，外行人不明究裡，內行人可是花了很多功夫。飯店餐廳面對不同狀態的魚，有不同的處理方法，不過大致分為活魚和死魚，前者是活殺現烹，後者是冰鮮現流，以及冷藏冷凍。

　　活要放血，從魚頭後頸處剁一刀，或從尾巴連肉處劃一刀，並在肉厚的魚背戳洞。死魚不用放血，而在魚身上開刀，同樣從魚背部最厚的地方，沿著魚鰭在魚身三分之一處劃斜刀，兩邊各劃一刀，讓蒸魚具有戲劇效果，魚像猛男般裂衣露肉，秀出極度挑逗之姿。

　　只有現殺現蒸的活魚不帶腥味，市場上現流、冷藏、冷凍的死魚都帶腥氣，至於魚腥不腥，除了鮮度夠不夠以外，還要看魚有沒有洗乾淨。瑞瑤說，買魚時魚販殺魚洗一次，魚進冰箱前再洗一次，退冰下鍋前又洗一次，這條魚一輩子至少洗三次，哪會不乾淨？她說得理直氣壯，其實全都畫錯重點。

　　沿著魚骨脊椎的淤血，貼著內臟內壁的黑膜，這些都是腥氣的來源，要刮淨刷洗，而且有一點點血水就會帶腥味，因此烹魚前，不論蒸煎煮炸，裡外血水都要吸乾。另外，針對細鱗又難刮的紅魽、石斑等魚類，可用熱水澆淋魚皮，大約兩秒左右，魚鱗容易刮除，但可不能燙太久。

　　談到蒸魚，我自己也是一肚子火，因為不知道從何時開始，台灣蒸魚全被統一了？只剩粵式一種手法，其它外省式都不見了，魚蒸熟後淋一點兒醬汁，上桌前又澆淋熱油，就連台式破布子與醃冬瓜蒸魚，竟然也要淋油才能上桌，這實在太詭異，也太奇怪了！

　　做法統一，滋味也統一，粵式蒸魚吃的是活魚的鮮味與彈性，但非魚的本味而是醬汁，也吃魚活體的鮮味與彈性，因為蒸魚原汁全都倒掉了，加上不少台灣廚師做粵式蒸魚完全仰賴現成的李錦記蒸魚醬油，不像傳統粵菜師傅取香菜煮水，按比例調入美極鮮味露、雞粉、冰糖、味粉等，放涼再兌上醬油，做出屬於自己獨特風味的蒸魚醬油。

　　雖然很氣蒸魚只剩粵式獨大，但仍然不得不承認粵菜師傅做菜藏著許多鬼心眼，裡面有太多看不見的隱味和細節，台灣廚師多半瞎子摸象，一知半解，難以深入研究，我若不是認識從香港來台的名廚陶志海，我也看不明白，陶師傅就是我的粵菜師傅。

　　除了蒸魚醬油獨特，澆淋在魚身上的油也不簡單，以前以為是香油，但廣東師傅不用香油，同樣經過陶師傅指點，才知道澆上去的那杓熱油，是花生油加生雞油加紅蔥頭加蔥薑煉製的特製油。

　　另外，粵菜師傅為求保溫，清蒸魚不換盤子，魚蒸九分半熟，倒掉魚汁，先沖熱油，原鍋煮沸蒸魚醬油，再一次澆淋魚身，所以粵式蒸魚有蔥香又有鹹度還有溫度，蒸魚講究斷生又黏骨，一條一斤重的活魚，蒸五分半、六分鐘便好了。

加上活魚神經未死，所以一蒸即爆開，眼睛突出，魚鰭豎起，模樣猙獰，但死魚蒸再久也不爆裂，所以會吃魚的人看一眼，便知是活魚蒸還是死魚蒸。不過也不是誰都會蒸活魚，有時候活魚也會蒸失敗，一是火力太小，不算蒸熟而是燜熟；二是魚死太久，超過半小時，可惜，活魚也做成死魚。

不過一般家庭少買活魚，多是冰過又解凍的魚，所以魚不能蒸到九分半熟，一定要蒸到全熟才安全。

蒸魚料理從南到北，百家爭鳴，隨便說也學不完，例如川菜有家常蒸魚、酸菜蒸魚、豆豉蒸魚、麒麟蒸魚，江浙則有火腿花雕蒸魚，上海家常則有三絲蒸魚。豆豉蒸魚台灣也有，但台式的豆豉不炒，湖南的也不炒，只有川菜的炒過，而且榨菜，冬菜都可以蒸魚，好玩的是沖淋熱油這招也不是粵菜的專利，川式也有，只不過用的是豬油加辣油。

台式蒸魚可用破布子、鹹冬瓜、醃鳳梨提味，吃的是台式純味，若嫌不夠味，可取破布子汁加白醬油加料理酒加冰糖調成魚汁，魚先醃鹽，淋魚汁，擺上幾粒拍裂的大蒜再去蒸，滋味就很足。

另外，浙江的金華火腿和湖南的臘肉臘腸都可以拿來蒸魚，前者引出陳味，後者帶出燻味，金華火腿同樣先煮後蒸去除鹹味，至於臘肉臘腸先蒸熟再切片，兩者皆可取蒸肉原汁再加醬油、料酒與豬油一起與魚蒸製。

外省式蒸魚老法是在魚身上包網油，或鋪肥膘，或淋豬油，直接替魚肉穿衣增肥，一方面保護細嫩的魚肉，另一方面可令其口感滑嫩，尤其是淡水魚，油會融化在魚身上，魚肉就不會乾。

杭州和上海的蒸鰣魚，因為魚鱗與魚皮間富含脂肪，魚皮又很嬌嫩，所以蒸魚不刮鱗。杭州式的醃魚法很特別，把蔥薑拍一拍，加紹興酒、鹽

巴、白胡椒粉，用手用力抓一抓，像在做類似打絞肉的蔥薑水。魚對開成兩片，醃肉不醃皮，醃魚料連汁鋪在魚身上約二十分鐘，拿掉薑蔥，再鋪金華火腿和薑片，以及增加甜味的大頭海蝦，最後包網油、淋花雕酒再上籠蒸熟。

吃法亦講究，魚蒸好的同時，挑出大頭蝦，準備毛薑醋，薑切細末，用醬油、鎮江醋、砂糖等調出酸甜汁，可沾佐，亦可直接淋在魚身上，去腥提鮮。

江浙人常說鹹魚淡肉，魚不鹹就不吃，例如老鹹菜蒸魚。魚先醃鹽引出鮮味，可直接撒鹽巴和紹興酒，亦可用杭州式拍蔥薑抓出汁的那一種來醃，然後下鋪荷葉上鋪雪菜，雪菜先擠去澀水，再加味精、豬油、冬筍拌勻之後鋪上去，是非常好吃的蒸魚料。

以前在亞都飯店天香樓最常做的蒸魚是滷花瓜蒸魚，滷花瓜又稱蝦瓜、鹹瓜，是蝦油浸漬的臭花瓜，口感軟而不脆，可蒸魚可蒸蝦或炒海蜇。同樣先用杭式醃法處理，鋪上滷花瓜與熟金華火腿，若是蒸圓鱈不額外加油，蒸石斑、鱸魚等肉質較乾的油，就要再淋熟豬油。

山東師傅烹魚也有類似的醃法，清水裡加入蔥、薑、酒、鹽巴與花椒，把整條魚泡起來，常用於鋪粉油炸的魚。至於川式醃魚做法同魯式，蔥薑酒水裡下了很多鹽巴，手法是泡而非醃，應用於大量上菜之上，魚浸泡二十分鐘即可撈出，也是撒粉油炸。

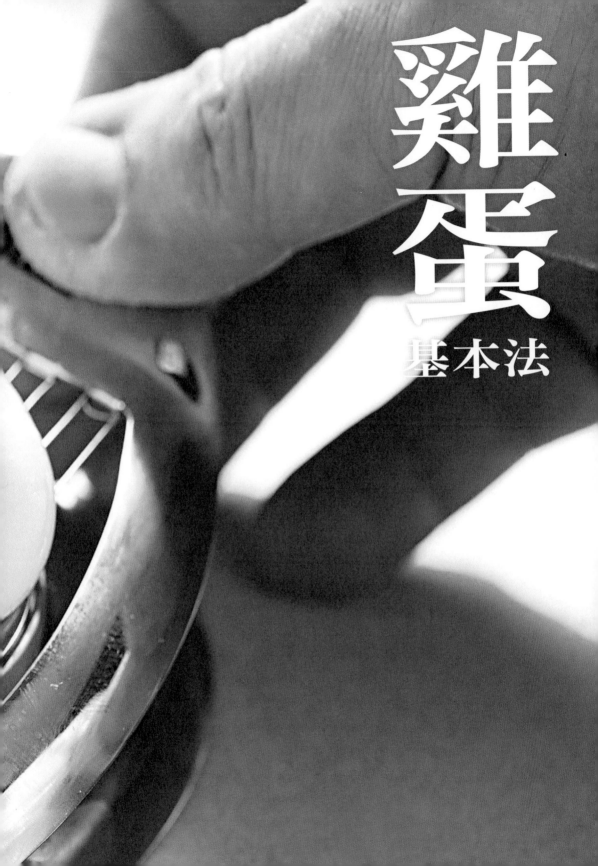

雞蛋
基本法

蒸蛋

　　蒸蛋最簡單，誰都會做，但要蒸出一碗外表是光滑鏡面，內裡不穿孔的嬌滴滴嫩蒸蛋，從蛋水比例到火力大小，全都是學問。

　　蒸蛋基本法：蛋液一比清水二點五，別嫌麻煩，秤重最準。

　　1.水蛋調勻，醬油提味，封保鮮膜，放入電鍋，蓋上鍋蓋。
　　2.外鍋加冷水，見蒸氣上來，計時一分半。
　　3.掀蓋卡筷，露出縫隙，再蒸十分鐘。蒸蛋怕大火，千萬別忘記。

必學菜餚：蛤蜊蒸蛋

材料：
雞蛋兩個、蛤蜊十粒。

調味料：
淡色醬油半大匙、鹽巴少許、米酒半大匙、蛤蜊汁和清水。

做法：
1.蛤蜊直接入沸水，開大火使之開口，瀝起蛤蜊，留汁放冷。
2.所有材料入碗，經蒸蛋基本法處理，蛤蜊汁取代清水，不足再加清水；
若鹹味不足，加鹽巴調整。

蛋花湯

　　想煮出如雲飄浮、如紗飄逸的蛋花湯，關鍵一：在於倒蛋入鍋不能太急、太猛、太多、太快，否則煮蛋結成一大塊一大坨，不好看也不好吃。關鍵二：蛋入鍋，勿攪動，否則真煮成一鍋白花花的蛋湯。

　　蛋花湯基本法：
　　蛋打散→水煮沸→舉高高→細細淋→轉圈圈→見浮雲→即熄火

打個蛋花，說來容易，技巧暗藏。

必學菜餚：山東四寶湯

材料：

1. 番茄半個、盒裝豆腐半盒、高湯（見 P.201）六百克、紹興酒一茶匙、鹽巴 四克。
2. 雞蛋一個、小白菜一棵、青蔥半 枝、香菜一株、香油數滴、白胡椒 粉撒兩下。

前置：

1. 番茄去皮對切，再切成厚片。青蔥與 香菜切細末。小白菜切兩公分小段。
2. 雞蛋打散。

做法：

1. 材料1.全部入鍋煮至沸騰。
2. 雞蛋以蛋花湯基本法處理，再加材料 2.即可。

盒裝豆腐取出，橫批成薄片。

再直切成三角形。

打蛋花要高高舉起，輕輕倒下。

山東四寶湯，材料簡單，營養豐富。

必學菜餚：桂花酒釀蛋

材料：

1. 一人份水一碗兩百克、鹹桂花醬一茶
   匙、砂糖二十克。
2. 雞蛋一個打散、酒釀兩大匙。

做法：

1. 材料1全部入鍋煮至沸騰。
2. 雞蛋以蛋花湯基本法處理，加酒釀，
   即熄火。

酒釀入菜可鹹可甜，單食亦可口。

酒釀最後下鍋，質地維持飽滿，
不是粗糙殘渣。

桂花酒釀蛋花如天上浮雲一樣美麗。

炒蛋

　　炒蛋最怕黏鍋，所以大部份人炒蛋都使用不沾鍋，油量少又漂亮。問題是不沾鍋炒蛋最不香，鍋子冷、油小氣，導致蛋不膨，煎不香，失形又失色。

炒蛋基本法：

熱鍋潤油→加油熱鍋→倒蛋入鍋→轉中大火一路到底→聞蛋香→翻面鏟開成細片

必學菜餚：木須蛋

材料：

雞蛋兩個、青蔥一枝、瘦肉一百克、熟筍半顆、韭黃八十克、市售水發木耳三十克。

調味料：

炒蛋用植物油三大匙。豬油半大匙、紹興酒半大匙、醬油一大匙、砂糖三分之一茶匙、白胡椒粉撒兩下、清水三大匙、香油半茶匙。

炒蛋加點醬油當隱味。

炒蛋是先煎後炒，蛋液入鍋，不要急著亂攪。

聞到蛋香，才翻面、鏟開成片。

前置：

1.雞蛋打散，並加數滴醬油添香。

2.青蔥切粒，熟筍和木耳切絲，韭黃切四公分長段。

3.瘦肉切絲，經嫩肉基本法處理，並過油，或炒散（見P.31）。

做法：

1.熱鍋潤油，加油加熱，雞蛋以炒蛋基本法處理，盛起。

2.原鍋開中大火，加豬油爆香蔥粒，再加入筍絲、木耳絲、紹興酒、醬
　油、砂糖、韭黃、白胡椒粉拌炒。

3.倒入肉絲、炒蛋，加清水混合滋味，翻拌均勻，淋香油，即盛出。

木須炒蛋可包餅、配飯，甚至拌麵也行。

煎蛋

　　有請不沾鍋，煎個荷包蛋，炒蛋炒不香，煎蛋卻可以。重點在鍋熱油熱，才能下蛋煎香。或是使用傳統中華炒鍋，經過熱鍋潤油的基本功，煎蛋亦是不沾不黏。

　　煎蛋基本法：開火熱鍋→加油待熱→倒蛋不動→聞香翻面

從坐月子菜衍生的麻油酒釀蛋，男女都喜歡。

必學菜餚：麻油酒釀蛋

材料：
雞蛋四個、大姆指般老薑兩塊切長片。

調味料：
黑麻油三大匙、米酒頭半碗、醬油半大
匙，酒釀兩大匙。

做法：

1. 雞蛋一個個經煎蛋基本法處理，一個
   雞蛋用半大匙黑麻油，見蛋白從透明
   轉白，即可對折成半月狀，兩面稍煎
   定型，蛋黃不必煎熟。

2. 原鍋加黑麻油一大匙，熱鍋爆香薑
   片，炒至薑收縮、味飄香，沿鍋邊熗
   入米酒頭，加鍋蓋煮兩分鐘，令酒氣
   揮發。

3. 再放入醬油、酒釀與煎蛋翻勻收汁即
   可*。

煎蛋要訣仍是不要亂動。

看顏色變化決定是否翻面。

老薑切長片，以麻油煸至捲
曲上色。

米酒熗鍋，讓酒氣揮發。

*保師傅的專業做法是爆薑、加蛋、倒酒，然後
斜鍋引火，燒掉酒精，再放醬油與酒釀，留下醇
香，但考量家用廚房的安全，所以稍做修改。

必學菜餚：家常蛋湯

材料：

雞蛋兩個、粉絲一把、熟筍一條、水發木耳三十克、青蔥一枝、高湯（見 P.201）六百克。

調味料：

豬油兩大匙、紹興酒三分之一大匙、鹽巴四克、白胡椒粉撒兩下。

前置：

1.粉絲泡冷水十分鐘瀝出，用剪刀剪短。

2.熟筍和木耳切小片，青蔥切粒。

3.雞蛋打散。

做法：

1.中大火熱鍋，加豬油，倒蛋液，經煎蛋基本法處理，煎出圓形大煎蛋，翻面時沿鍋邊加入蔥粒一起煎香。

2.待蛋香蔥亦香，放入其它材料，淋進紹興酒，大火煮沸，加鍋蓋，煮半分鐘，催化出淡淡濃白湯，再加鹽巴與白胡椒粉即可。

煎過的蛋再煮成湯，家常蛋湯滋味迷人。

烘蛋

　　做出噴香鼓脹的烘蛋，必須熟記步驟，注意細節，雙手並用，小心執行，誰都可以輕鬆在家做出大師傅等級，令全家人驚豔不已的烘蛋。

烘蛋基本法：

熱鍋潤油→加油→燒至攝氏一百八十度→轉小火→以杓取熱油
→倒蛋入鍋→回淋熱油→煎搖→翻面→再煎搖→倒出瀝油

保師傅從小到大最愛吃雞蛋與豆腐，小時候甚至自己發明雞蛋炒豆腐。

1.食用油兩百克，烘煎雞蛋三個。

2.炒鍋熱油至攝氏一百八十度。

3.一手持杓舀出一百克熱油，另一手倒入打勻的蛋液。

4.見蛋的邊緣慢慢鼓起，再將熱油淋回蛋的中心點，讓蛋全面膨脹。

5.搖鍋十餘秒，見觸鍋那面已上色，即可翻面再煎搖上色。

6.翻面也要特別小心，因為烘蛋含住很多油，最好利用大漏杓相助。

烘蛋以三個雞蛋為
一個單位。

從烘蛋中心點澆入
熱油。

多油烘蛋，翻面務
必小心。

烘蛋手法為半煎
炸，起鍋瀝出多餘
油脂。

必學菜餚：紹子烘蛋

紹子即絞肉，半煎炒逼油出
香。

材料：

1. 雞蛋三個，加鹽巴少許、芡粉水兩大匙，
   打勻。
2. 絞肉七十五克、熟筍末一點五大匙、蝦米
   半大匙、水發香菇末一大匙、水發木耳末
   一大匙、韭黃末兩大匙、青蔥半枝切末、
   中薑末三分之二大匙。

前置：

1. 蝦米泡水三分鐘，瀝乾、切末。
2. 絞肉兩面煎香，再炒散炒香盛起。

加點高湯，滋味更醇。

調味料：

1. 烘蛋所需：食用油兩百公克。
2. 紹子所需：豬油一大匙、紹興酒半大匙、
   醬油一大匙、高湯（見P.201）三分之二
   碗、砂糖三分之一茶匙、白胡椒粉撒兩
   下、芡粉水三分之二大匙、香油半茶匙。

煎好蛋，淋上料，即上桌。

做法：

1. 雞蛋經烘蛋基本法處理，取出，瀝油，盛
   盤。
2. 中小火熱鍋，加油燒熱，爆香蔥薑與蝦
   米，再下熟筍、香菇與熟肉末，熗淋紹興
   酒、醬油、高湯，加入砂糖、白胡椒粉。
3. 開大火煮沸，加韭黃末，兜芡灑香油，起
   鍋淋在烘蛋上即可。

白煮蛋

　　白煮蛋很容易，冷水下蛋，水沸，計時八分鐘，簡單明瞭，水中加鹽加醋，為了脫殼更容易。

　　白煮蛋基本法：

1. 冷水一公斤、鹽巴一點五大匙、白醋三大匙，放入生雞蛋，開中小火，水沸開始計時八分鐘。
2. 撈出蛋，泡冷水十分鐘，以鐵湯匙輕擊蛋殼令其破裂進水，即可順利剝除蛋殼。

必學菜餚：湖南金銀蛋

材料：
兩個雞蛋，兩個皮蛋、青蔥兩枝、大蒜
三粒、紅辣椒一枝、豆豉一大匙、蒜苗
一枝。

調味料：
辣油一大匙、米酒半大匙、醬油三分之
二大匙、高湯（見P.201）或清水兩大
匙、砂糖三分之一茶匙、白胡椒粉撒二
下、香油三分之一茶匙。

前置：
1.雞蛋與皮蛋一起經白煮蛋基本法處
　理。
2.利用切蛋器將黑白蛋切片，蛋片兩面
　先沾麵粉，用刷子塗上蛋液。（蛋片
　易破碎，黃白易分離，所以要藉助烘
　焙用的塑膠刮刀拿取。）
3.青蔥切一點五公分長，大蒜切片，紅
　辣椒斜切成片，蒜苗白切圓片，蒜苗
　綠切兩公分小段。

買個切蛋器，不必煩惱切蛋不漂
亮。

白煮蛋與皮蛋均刷上蛋液，先煎後
炒，一菜多蛋香。

做法：

1.取不沾鍋，加少許油，燒熱，把雞蛋片與皮蛋片兩面煎香，定型取出。

2.原鍋中火加熱，放辣油爆香蔥蒜、辣椒與蒜白，再加豆豉、黑白雙蛋略炒。

3.噴米酒與醬油略炒，加高湯、砂糖與白胡椒粉，入蒜苗綠，轉大火，拌炒十餘秒，淋香油即起。

雞蛋與皮蛋均為熟蛋，蛋白與蛋黃極易分離，煎香時要小心。

熗料酒與醬油，令湖南蛋有焦香。

炒菜時加一點清水或高湯，目的是讓滋味均勻混合。

豆製品
基本法

小時候父親帶我去他工作的餐廳，從外場那裡裝了一碗干絲給我吃，當時我以為干絲是麵條，心裡想著：「哇！這涼麵怎麼那麼好吃，又白又香，又Q又滑。」

後來當了學徒之後，才知道那是干絲，不是麵條，也因為小時候的美好記憶，對干絲特別有感情，只要看到小菜有干絲，一定會點來回味。

不過干絲也不一樣了，現在除了極少餐廳還做成小菜，昔日的干絲半成品又黃又硬，現在的干絲比較軟，以前一斤干絲要用一塊食用鹼發泡，現在連五分之一都不要，可是還是有人不信邪，以為現在的干絲半品可以直接涼拌，但相信我，經過鹼的洗禮，干絲真的不一樣，重拾往日最美好的口感。

雖然豆製加工品愈來愈進步，干絲處理前（右）和處理後似乎差不多，但相信我，吃起來真的差很多。

干絲

　　鹼水雖然經過稀釋，但滲透力很快，所以浸泡時間不宜過久，而且沖洗速度要很快，否則干絲變糊爛就不能吃了。

干絲基本法：沸水泡鹼→浸泡干絲→煮沸→瀝出→多次沖水→瀝乾

材料：
干絲一公斤、清水兩點五公斤、鹼塊四分之一。另備：水盆與濾盆。

做法：
1.清水煮沸，將鹼塊煮溶，放入干絲，再滾即熄火。浸泡三十秒後試吃一
　條，若表面光滑，中心帶Q，即可瀝起。干絲泡鹼時間很快，在一分鐘
　以內。
2.將干絲倒入水盆中，開大水，以五指快速來回漂洗，並利用濾盆快速換
　水六至八次，見水從濁至清，手指從滑變澀，干絲就洗好了。
3.洗好的干絲不能立刻涼拌，必須瀝乾滴水至少二十分鐘，否則一經調
　味，便跑出一盆水。

洗干絲，手要快，水要多，
洗去鹼水，換得滑嫩。

必學菜餚：涼拌干絲

材料：

經過基本法的干絲一公斤、芹菜段和紅蘿蔔絲各兩百五十克。

調味料：

鹽巴十克、味精半茶匙、香油五大匙。

做法：

　　燒一鍋熱水，氽燙芹菜段和紅蘿蔔絲，取出泡冷水瀝乾，加入經基本法的干絲與調味料拌勻即可，此菜可冷藏二至三天。

涼拌干絲，滑嫩如絲，保師傅當麵吃。

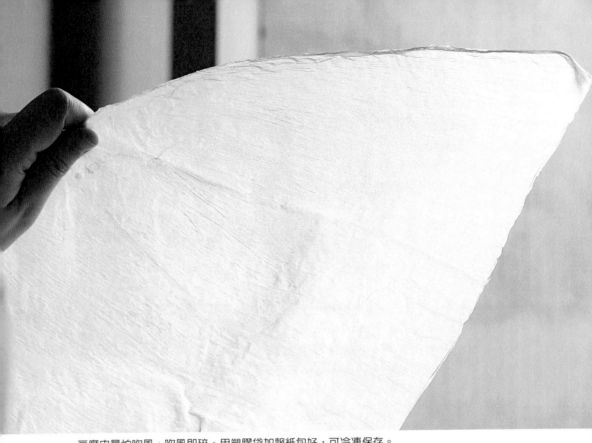

豆腐皮最怕吹風，吹風即碎，用塑膠袋加報紙包好，可冷凍保存。

豆腐皮

豆腐皮怕風又怕水，吹風酥裂，遇水則爛，所以不用時必須封在塑膠袋裡，擠出空氣冷藏保存。使用時，若時間若超過五分鐘以上，就用擰乾水的乾淨濕布覆蓋，而且用多少取多少，因為沾濕的豆腐皮很容易發霉。

豆腐皮基本法：從塑膠袋中取出→覆蓋擰乾的乾淨濕布

必學菜餚：保式香煎素鵝

材料：

一條素鵝需要四張豆腐皮，製作
五條則準備二十張豆腐皮。

內餡材料與調味料：

1. 蔥一枝切末、薑末半匙、紅蘿蔔
   半條切絲約六十克、熟筍兩條切
   絲。
2. 水發香菇十朵，先片薄變兩片再
   切絲、榨菜絲二十五克，略洗擠
   乾。
3. 蠔油一點五大匙、紹興酒一大
   匙、清水半碗、砂糖一大匙、白
   胡椒粉撒兩下。
4. 植物油兩大匙、茨粉水一點五大
   匙、香油半大匙。

內餡炒製：

1. 中大火熱鍋，加植物油爆香蔥
   薑，入紅蘿蔔絲炒二分鐘至軟，
   見油轉黃，放榨菜絲略炒。
2. 加香菇與熟筍續炒出香，放蠔油
   與紹興酒略拌，下清水、砂糖、
   白胡椒粉攪勻。
3. 煮一分半鐘，勾茨令汁收濃，淋
   香油拌勻，盛起放涼。

豆腐皮薄如紙，吹彈可破，像保師傅
ㄅㄨㄞ　ㄅㄨㄞ的皮膚一樣。

製作醬汁：

1.清水八百克、紹興酒一點五大匙、醬油一點五大匙、蠔油一點五大匙、砂糖兩大匙、白胡椒粉撒五下、鹽巴少許。

2.青蔥三枝，大姆指般老薑兩塊，拍一拍，所有材料一起入鍋，開火煮沸一分鐘，見蔥微軟即熄火，起鍋前加兩大匙香油。

做法：

1.流理台擦乾淨，豆腐皮先取四張，第一張半圓形弧度朝上鋪平，手抓蔥薑當刷子，把塗醬均勻抹上，微濕即可。

2.取第二張對疊其上，但半圓形弧度朝下（一正一反剛好鋪成長方形），同法塗醬（此為腐皮A）。

3.同時取兩張豆腐皮，浸入塗醬，吸汁變軟，捏緊去汁（此為腐皮B），拉長堆放在長方形豆腐皮的靠左處。

4.取內餡放在腐皮B上面，並將B當成棉被般把內餡完全蓋起來，再把腐皮A捲起成長條狀。同法完成五條腐皮卷。

取一張豆腐皮，先塗汁。

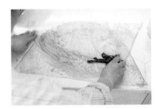

再取一張反放，變長方形，同樣塗汁。

將兩張豆腐皮浸汁吸汁再擠乾。

排進腐皮裡，把餡料包住，形成多層次。

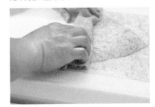

最後包捲起來。

5.取橢圓大盤，塗上少許香油，將腐皮卷一一排入，蒸五分鐘，取出待冷，讓表面乾燥約四十分鐘。

6.不沾鍋放少許香油，大火燒熱鍋與油，放入腐皮卷，煎至上色變酥，才能翻面再煎。

7.素鵝為冷食小菜，放冷切片即可食用。

想做素鵝，先調豆腐皮的塗汁，有滋味才有美味。

素鵝捲好，上籠略蒸，讓豆腐皮柔軟相黏。

最後入鍋煎香表面，可大量製作，分條用保鮮膜包捲，冷藏保存。

火鍋豆皮卷

　　不知道豆皮卷的製造日期，亦不知炸油的實際狀態，所以使用火鍋豆皮卷一定要先用熱水煮過，去油兼變軟，健康又入味。

　　火鍋豆皮卷（角螺）基本法：入沸水煮軟→瀝起→沖水去餘油→瀝乾

必學菜餚：如意菜

材料：
經過基本法處理的豆皮卷三百克、黃豆芽一公斤、青蔥三枝、大姆指般中薑兩塊。

調味料：
植物油四大匙、紹興酒兩大匙、醬油三分之一碗、清水適量、白胡椒粉三分之二匙、砂糖三大匙、香油半大匙。

烹調豆皮卷之前，必須入沸水煮軟，同時也把炸油去除乾淨。

前置：
豆皮卷切成一公分寬，黃豆芽摘去硬根，蔥切段，薑切片。

如意菜非常好吃又耐放，是保師傅的居家常備菜。

做法：

1. 中火熱鍋，加植物油爆香蔥段薑片，放黃豆芽，炒到出水變軟，約兩分鐘。

2. 加入豆皮略為翻炒，再淋紹興酒、醬油、清水（水高不到材料的一半）、白胡椒粉、糖等拌勻*。

3. 見沸加蓋轉小火，每五分鐘翻一次，十五分鐘後開大火收汁拌炒，可隨個人口味添加鹽巴、醬油與砂糖等調味，見鍋底變乾，淋少許香油起鍋。

*一開始調味不能太重，否則收完汁可能會太鹹。

枝竹

枝竹通常都先經過油炸膨脹，燙熱水回軟再燒製，但是涼拌枝竹要軟要Q要入味，所以泡溫水不油炸，操作更方便，而且先燒入味再涼拌，滋味絕佳。

枝竹基本法：用攝氏五十度的溫水泡軟

材料：
枝竹一包、攝氏五十度的溫水。

做法：
枝竹放進溫水裡，上壓一個盤子，避免浮在水面，再加蓋子，浸泡二十分鐘以上，確認枝竹已經變軟，再撈出瀝乾。

必學菜餚：麻辣枝竹

材料：
經基本法的枝竹、青蔥三枝切段、大姆指般中薑兩塊切片。另備：小黃瓜八條。

調味料：
植物油兩大匙、蠔油兩大匙、紹興酒一大匙、清水半公斤、白胡椒粉三分之一大匙、砂糖兩大匙。另備：辣油五大匙、香油半大匙、花椒粉一又三分之一匙、鹽巴一咪咪。

枝竹用溫水先泡軟，否則久煮亦不入味。

麻辣枝竹先滷後拌，滋味更佳。

做法：

1. 中大火熱鍋，加植物油爆香蔥薑，再加蠔油、紹興酒、清水、白胡椒粉、砂糖，煮沸後放入枝竹，燜煮八分鐘，試味若不足，加蠔油調整，再收乾湯汁。

2. 將枝竹一一攤開放冷，入冰箱冷藏半小時，再切菱形小片。

3. 小黃瓜經漬菜基本法處理（見P.182），形狀可是五爪、斜片狀或小條片，與枝竹混合後，加辣油、香油、花椒粉等拌勻，試味，以鹽巴調整。

枝竹再運用：

枝竹可用熱油炸膨，再入沸水蒸軟，可燒排骨、燒雞塊、煲羊腩，滑軟吸汁滋味甚美，運用搭配範圍甚廣，廣東枝竹可謂為上海百頁結。

百頁

保師傅自創百頁二次加熱法，保證發泡好的百頁又白又嫩又滑口，而且萬無一失，亦能縮短烹調時間。但要提醒的是，以此法發泡的百頁和百頁結極為細嫩，不耐久煮久燉。

百頁基本法：
清水加熱至攝氏四十五度→對上鹼水1%→浸泡百頁→再加熱→再浸泡→走水

沒發泡的百頁比紙還粗，看起來雖很乾，但很容易發霉。

保師傅自創百頁發泡法，除了先泡稀釋鹼水，再增加溫度。

百頁發泡前後，完全變了個樣。

材料：

清水兩公斤、鹼水*二十克、百頁三十張。

做法：

1.取湯鍋裝清水，加熱至攝氏四十五度，再倒入鹼水。

2.百頁一切為六，變小長方片，一片片投入水中，並用筷子壓至完全浸潤。

3.見百頁由淺木色轉為象牙白，時間約為三十至四十分鐘

4.整鍋移至爐火，加熱至攝氏五十度，離火浸泡一分鐘。

5.整鍋移至水龍頭下，以小水注沿鍋邊走活水約一小時，讓百頁去鹼味，變白變膨脹。

6.經基本法處理的百頁，可冷藏保存五天。

*鹼水製作：食用鹼塊以重量，加入八成清水，加熱溶化，即成鹼水。例如鹼塊一公斤加水八百克溶解，但小心使用，眼口勿觸。

必學菜餚：雪菜百頁

材料：

經基本法處理的百頁一碗、綠雪菜一百八十克、熟筍絲四十克、青蔥半枝切末、薑末三分之一大匙。

調味料：

植物油一點五大匙、紹興酒半大匙、清水或高湯（見P.201）半碗、鹽巴半茶匙和砂糖一茶匙、茭粉水*半大匙、香油一茶匙。

前置：

1. 雪菜百頁好不好吃，針對雪菜有兩個關鍵，一是切工，二是擠水。
2. 挑選梗與菜一樣軟的綠雪菜，先摘一點試鹹淡，若太鹹就沖水十分鐘，若不太鹹，泡一下水就好。
3. 梗葉一一對齊排好，硬頭切掉，將粗梗劃成十字刀，再切成零點五公分的細粒，並把菜水擠乾。如果切得太小，易塞牙縫；切太粗，則擠不出苦水。

選雪菜，避老梗。

先批薄，後切細。

切成零點五公分大小，太大味苦，太小塞牙。

用紗布擠去澀水。

雪菜百頁不能炒得乾乾的，要濕濕的帶水份才會好吃。

做法：

1. 中火熱鍋加油，爆香蔥花薑末，加雪菜和筍絲，略炒之後倒紹興酒與高湯，炒勻。

2. 放百頁，加鍋蓋燜一分鐘，試味，落鹽和砂糖調整，勾出水滑芡，滴香油即起。

*芡粉水，比例為太白粉三大匙，清水四大匙，下鍋前記得再次攪勻。

百頁結

　　如果購買市售百頁結直接浸泡稀釋鹼水，百頁的糾結處不會柔軟，吃起來的口感又軟又硬。另一方面，自己在家浸泡百頁，時間也不宜過久才打結，否則容易拉斷扯破。

　　百頁結基本法：

　　清水加熱至攝氏四十五度→對上鹼水1%→浸泡百頁→打結→再浸泡
　　→再加熱→浸泡→走水

　　想吃百頁結可不能偷懶，購買百頁，自己浸泡，自己打結，口感最美。

材料：

清水兩公斤、鹼水二十克、百頁三十張。

做法：

1.取湯鍋裝清水，加熱至攝氏四十五度，再倒入鹼水。

2.百頁從對折處一切為二，一片片投入水中，並用筷子壓至完全浸潤。

3.一分鐘後，將百頁撈出，捲起，打結，再投入稀釋鹼水中浸泡五十分鐘，泡到百頁結由黃轉白。

4.整鍋移至爐火，加熱至攝氏五十度，離火浸泡一點五分鐘。

5.整鍋移至水龍頭下，以小水注沿鍋邊走活水約一小時。使用前瀝乾、汆燙，同樣冷藏保存可達五天。

發泡一半的百頁，先打結，再浸泡、加熱、浸泡、走水，雖然有點複雜，但美味無可抵擋。

必學菜餚：鮮筍雞湯百頁結

材料：

經基本法處理的百頁結十二個、竹筍兩枝、土雞腿一枝、扁尖筍半粒、青蔥一枝、大姆指般中薑切片。

鮮筍切成長條狀。

調味料：

紹興酒兩大匙、熱水和鹽巴適量。

前置：

1. 扁尖筍泡冷水一個晚上，待完全漲開，取半粒，順纖維撕成細條，切成兩公分小段。扁尖筍水留用。
2. 筍剝殼、切塊。土雞腿剁塊、汆燙。
3. 百頁結入沸水汆燙十五秒，瀝起。（湯燉好前再汆燙，否則會黏在一起）

除百頁結以外，所有材料入電鍋內鍋並注入熱水。

隔水蒸燉四十分鐘，再加百頁結。

做法：

1. 除了百頁結與鹽巴以外，所有材料放入大同電鍋內鍋，再沖進熱水約內鍋一半高，外鍋加水加蓋，按壓開關，見水蒸氣冒起，計時四十分鐘（或移至爐火直接煮沸二十至二十五分鐘）。
2. 百頁結入鍋，滾沸一分鐘即可試味，若不足，加鹽調整。

百頁結再運用：

　　經基本法處理的百頁結，可用於油豆腐細粉、醃篤鮮、圈子紅燒肉、南乳排骨、滷小腸結、瑤柱雞湯麵等料理，甚至與冬筍、木耳、蕈菇燴煮成素菜。

鮮筍雞湯百頁結的百頁結，透出淡淡豆味，入口軟滑鮮香。

豆子

基本法

毛豆不經基本法處理，味生質硬；白果不經基本法處理，肉酸心苦；蠶豆不經基本法處理，吃進嘴裡冒出一股臭香港腳味，令人難以下嚥。

毛豆與蠶豆不能直接生炒，必須放進鹽糖水裡去生拔臭，煮熟煮軟，瀝水備用。若做冷菜，先吹涼定色，再與其他食材混合，例如：江浙人愛吃的燴麩；若做熱菜，也要先經過基本法處理，再與其他食材在鍋中拌合，例如蝦仁毛豆、鹹菜蠶豆等。

白果可鹹可甜，可燴可炒，可葷可素，從赫赫有名孔府宴的詩禮銀杏，宴客辦桌常見的白果烏參、燴髮菜羹，到一般家庭輕鬆料理的白果燴芽白心、白果雞丁，或是很受歡迎的甜點百合白果銀耳、廣東人經常食用的白果腐竹粥，白果運用範圍廣泛，而且立刻為菜餚加值，陋室亦能生輝。

毛豆

　　毛豆基本法從清洗做起，取盆裝水至滿，倒入毛豆邊抓邊洗，薄膜自會浮起而隨水而去，毛豆與黃豆是一家人，前者為幼齒，後者是老梗。

　　毛豆基本法：洗豆→去膜→入沸水→加鹽加糖→煮軟→瀝出

1. 洗毛豆，去薄膜，流水下，兩手抓，豆互磨，薄膜脫，隨水流。
2. 鍋子裝水，體積至少是毛豆的四倍，加鹽巴，約喝湯的鹹度，加糖，比鹽多四倍，例如：毛豆一斤、清水兩公斤、鹽巴十五克、砂糖六十克、紹興酒兩大匙。
3. 水滾，轉中小火，煮八至十二鐘，取豆試生熟，若咀嚼柔軟，即可瀝出。

洗毛豆，去薄膜。

入鹽糖水煮軟。

小小毛豆，煮軟的時間卻比大大的蠶豆要長。

必學菜餚：瑤柱毛豆

材料：

毛豆一斤、瑤柱八粒。可另備：熟筍丁、熟香菇丁和熟紅蘿蔔丁等少許配色。

調味料：

紹興酒、廣生魚露、香油。

做法：

1. 瑤柱去除半月形的韌筋，再用溫水洗淨，置碗，加水淹過，滴入少許紹興酒，用大同電鍋蒸一點五個鐘頭，取出置冷，捏成粗絲，瑤柱蒸汁留用。

2. 毛豆經基本法處理，鋪上平盤，盤下墊筷子，開電扇或搧扇子令其快速降溫。

3. 瑤柱撒在毛豆上，淋上香油拌勻，若味不足可加少許魚露、瑤柱蒸汁調整。若加入熟筍丁、熟香菇丁與紅蘿蔔丁，即成高級的杭式冷菜。

瑤柱毛豆的所有蔬菜均為水煮。

毛豆與蔬菜鋪盤，用筷子墊高盤子，吹風速冷，定住翠綠顏色。

加瑤柱絲，調味拌勻。

瑤柱毛豆,好吃又高級的杭州式手法冷菜。

必學菜餚：八寶辣醬

材料：

經基本法處理的毛豆一百二十克、處理好的蝦仁八粒、生雞胸肉一兩切丁、熟筍切丁兩大匙、熟豬肚切丁一大匙，熟金華火腿切末三分之一大匙、水發香菇切丁一大匙、生雞胗切丁一大匙、豆干兩塊切丁。另備：青蔥一枝、大蒜四粒。

調味料：

豬油半大匙、辣豆瓣醬一大匙、紹興酒半大匙、黑豆瓣醬半匙、醬油三分之一大匙、白胡椒粉撒兩次、砂糖三分之一大匙、高湯（見P.201）三大匙、辣油半大匙、茨粉水三分之一大匙。

前置：

1.蝦仁經一脫二洗三抓四拌的基本法處理，詳見《大廚在我家》。

2.帶殼鮮筍放入沸水煮四十分鐘，置涼去殼，即為熟筍，亦可使用現成的真空筍。

3.豬肚洗淨，入沸水煮五十分鐘變軟，但一副太大用不了，可買豬肚湯或滷豬肚，以現成的替代。

4.購買小塊金華火腿淨瘦肉，切薄片，入沸水汆燙，瀝起盛碗，再注入熱水，封上保鮮膜，進微波爐打一至二分鐘，瀝起切末，金華火腿汁留用。

5.所有材料，除蝦仁與金華火腿外，均比照毛豆大小切丁。青蔥與大蒜切末。

6.蝦仁、肉丁、雞胗，分別醃入鹽巴、蛋白和太白粉，再分別泡油或汆燙至熟。

做法：

1. 中大火熱鍋，加油少許，爆炒豆干至表面上色，取出備用。

2. 原鍋加熱加油，爆香蔥花與蒜末，加入辣豆瓣醬、紹興酒、黑豆瓣醬、醬油先炒勻出香。

3. 放入所有材料，除蝦仁、肉丁、雞胗外，轉大火快速拌炒，再加胡椒粉、砂糖與高湯或火腿汁，最後入蝦、肉、胗略炒，淋入辣油拌勻即可。

八寶辣醬用料很多，都要單獨處理，看似麻煩菜，但風味絕佳，可配飯拌麵，是萬用菜。

蠶豆

　　蠶豆的個頭比毛豆大，下鍋煮軟的時間卻比毛豆短，而且豆味更濃郁，若加了老鹹菜一起煮，臭味相投，臭亦是香，迷死逐臭之夫。

　　蠶豆基本法：入沸水→加鹽加糖→煮軟→瀝出

1. 鍋子裝水，體積至少是蠶豆的四倍，加鹽巴，約為喝湯的鹹度，加糖，比鹽多四倍，例如：蠶豆一斤、清水兩公斤、鹽巴十五克、砂糖六十克。

2. 水滾，轉中小火，煮五至六分鐘，取豆試生熟，若輕鬆捏破，或入口成沙，即瀝起。

蠶豆既臭又香，基本法與毛豆類似，用鹽與糖拔臭、定色、增香。

必學菜餚：鹹菜炒豆瓣

材料：

經基本法處理的熟蠶豆一飯碗、老鹹菜
四大匙、熟冬筍一條、青蔥半枝、小指
指節般中薑末一塊。

調味料：

豬油一大匙、紹興酒半大匙、高湯（見
P.201）四大匙、砂糖三分之一大匙、白
胡椒粉撒兩次、芡粉水半大匙。

前置：

1.老鹹菜切碎，浸水兩分鐘，擠乾水
　分。
2.筍切丁、蔥薑切末。

做法：

1.中大火熱鍋，加油爆香蔥薑，加老鹹
　菜與冬筍炒散炒香。
2.熗紹興酒，加高湯，撒砂糖、胡椒粉
　炒約一分鐘。
3.放蠶豆，轉中火，收汁濃，試味，勾
　薄芡。

老鹹菜如雪菜剁小粒。

冬筍煮熟去殼切丁。

蠶豆已處理，最後入鍋拌熟
即可。

白果

白果又稱銀杏，市售有三種，不管是泡水裝罐、真空袋裝，還是新鮮現採，下鍋烹調前，都要用糖水先煮過，去除酸氣與苦味的同時，可讓組織不爆裂，口感更緊Q。

白果基本法：放進糖水→蒸或煮→去苦味

1. 罐頭白果：開罐棄汁，白果倒入碗中，放砂糖一大匙，沖入熱水蓋過白果，封保鮮膜，蒸四十分鐘。

罐頭百果顏色鮮黃。

2. 真空小包裝百果：放進鍋中，倒入冷水一公斤和砂糖三大匙，開中小火煮至沸騰，轉小火浸煮二十分鐘。

真空百果色淡肉軟。

3. 新鮮白果：購買已去除硬殼與紅膜的為佳，分量半碗，倒入冷水一公斤和砂糖三大匙，開中小火煮至沸騰，轉小火浸煮十五分鐘。

新鮮百果價格最高，滋味最好。

4. 經基本法處理的白果，置冷，連汁浸泡，裝入盒中，可冷藏保存一週。

必學菜餚：白果燴芽白心

放入糖水煮過或蒸過的百果，除了
去除酸苦味，還能增加嚼感。

材料：

芽白心半斤、經基本法處理的白果半
碗、青蔥一枝、大姆指節中薑一塊、熟
金華火腿片十八克。

調味料：

食用油一大匙、紹興酒半大匙、砂糖半
茶匙、火腿汁一大匙、芡粉水三分之二
匙。

金華火腿若少量使用，保師傅自己
研究，可用微波爐快速打出風味。

前置：

1.芽白心入沸水，加蓋煮五分鐘，瀝出
　芽白心，整齊排入盤中，白菜原汁一
　點五飯碗留用。

2.金華火腿切成小指甲薄片，入沸水汆
　燙，瀝起盛碗，再注入熱水蓋過，封
　上保鮮膜，進微波爐打一至二分鐘，
　瀝起，留汁。

3.青蔥與中薑切末。

做法：

1. 中大火熱鍋，爆香蔥薑，加紹興酒半小匙，倒入白菜原汁，煮一分鐘，撈出薑蔥不要。

2. 推入芽白心*、倒進白果、金華火腿片，以及火腿汁，加蓋轉大火煮一分鐘，加砂糖，試味調整，勾琉璃水芡，盛盤。

做菜想要更細膩，辛香料爆香，煮出味道之後，就得撈掉，令其味變隱味。

芽白菜心可在汆燙後，入盤排好，再一股腦子推進鍋裡燴煮，維持排盤狀。

煮菜要懂得利用鍋蓋，短短幾分鐘，入味幫大忙。

*娃娃菜模樣好看，滋味與口感均不如芽白心。

必學菜餚：白果炒蘆筍百合

材料：

日本百合一顆、經基本法處理的白果五十克、進口綠蘆筍四枝。青蔥一枝、中薑兩片。

燙菜水：

清水六百克、鹽巴五克、砂糖一大匙、沙拉油一大匙。

調味料：

橄欖油一點五大匙、紹興酒三分之一大匙，燙蘆筍百合原汁三大匙、鹽巴與砂糖適量、茭粉水半大匙。

前置：

1.百合先用小刀削去氧化與撞傷黑點，再一片片剝開沖水洗淨，大片者對切。

2.蘆筍削去根部老皮，再斜切成段。

3.煮沸燙菜水，先汆燙百合兩分鐘瀝出，再汆燙蘆筍四十五秒瀝出。

4.青蔥切粒，中薑修成小菱形。

做法：

1.中火熱鍋，加油爆香蔥薑，放入白果、蘆筍與百合略為拌炒十秒。

2.沿鍋熗紹興酒，再加燙菜原汁，試味若不足以鹽巴調整，勾薄芡，炒勻
即可。

百合、百果與蘆筍都是好朋友，互相襯色補味，若使用真空包百合，需先汆燙，
若是新鮮百合，則化成甜沙。

漬菜

基本法

回憶民國六十三年，我剛入行那一年，在川菜餐廳當學徒，學的是點心，一大早八點就要去揉麵，三兩下花不到二十分鐘就揉好了，於是蹓進廚房裡玩，看到外省阿姨在做小菜。很奇怪，當時小菜不歸冷盤師傅管，而是外場做服務台的阿姨負責，四川泡菜、油炸花生、麻辣大頭菜，季節性的醃大頭菜、窩筍、菜心，甚至是台式醃蛔仔、馬鈴薯沙拉，全由她一手包辦，也因此開啟了我對小菜的興趣，並以小菜變化多端的手法，奠定廚界的基礎。

麻辣大頭菜就是那時吃到，外省阿姨做的經典小菜，當時我還傻傻問：「為什麼那麼早就來做菜？」她回答：「等到九點以後，師傅都來了，會把我們趕出廚房，就不能做了。」

這麼多年以來，中餐的外場與內場永遠都有一條鴻溝，但以前服務台是一座橋樑，後方有一個小小的出菜口，由外向裡看，刀光火影、隆隆剁剁不絕於耳，由裡向外看，人馬雜遝，男男女女川流不息，一個地方兩種世界伺候百款客人，料理世界，就是這麼有趣！

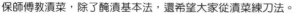

保師傅教漬菜，除了醃漬基本法，還希望大家從漬菜練刀法。

漬菜

用鹽巴把根莖、瓜果類蔬菜脫水入味，若不先脫水，就無法入味，

漬菜基本法：
**去蒂去皮或去籽→切片切塊或改刀→秤出淨重→加入1%鹽巴→抓拌→
重壓→出澀水→冷開水洗淨→重壓→瀝水→調入各種滋味**

　　一般人在第一次加鹽醃軟出苦水，鹽巴都亂亂加，非常隨意和隨便，反
正之後都要洗掉，然而鹽巴加少了，軟化出水時間便拉長，鹽巴放多了，
其實洗不掉也取不出，影響之後的調味。保師傅研究了許多次，最後確認
以醃漬食材淨重的百分之一為標準，漬菜柔軟有脆度又不過鹹，最後調味
輕鬆好掌握。

適用食材：
白蘿蔔（或白蘿蔔的厚皮）、小黃瓜、窩筍心、大菜心、大頭菜（又稱撇
蘭或結頭菜）、苦瓜、南瓜等。

刀法：
絲、片、塊、滾刀、長條、五爪刀、梳子刀、掃把刀等。

蘿蔔太厚，橫切一刀再切　　　漬菜切絲最常見，去澀時間　　梳子片很美，但抓鹽時小心
片，多了刀痕，方便入味。　　最短，入味時間最快。　　　　碎裂。

漬菜基本法（以小黃瓜為例）

1. 小黃瓜兩公斤，去蒂去尾，一開四，對切再對切，分成四長條，橫批去籽，再切成段，秤出淨重量，加入鹽巴1%進行醃漬，達到去澀水、軟化、入味，以及增加韌度等功能。

2. 鹽巴拌勻，先壓盤子，再壓重物，兩公斤小黃瓜必須壓上六公斤重物，建議在廚房裡以盆壓盆，盆中裝水最適合。

3. 每半小時動翻一次，翻三次便已醃透一個半小時，即可準備脫水。

4. 用冷開水洗去鹽分，不要久浸，切勿沖水。

5. 再用紗布包住小黃瓜，同樣壓上六公斤重物達兩小時，此時小黃瓜重量約剩六成左右，為一點二公斤重，即可拌入各種自己喜愛的味道。

視蔬菜盛產期，做出不同口味的漬菜，顏色美，心情佳，胃口大開。

保師傅實驗多次，確認漬菜基本法第一次落鹽的比例，順利逼出澀水，又不讓食材太鹹而難以調味。

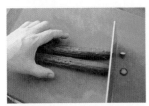

去頭尾。

一開四。

除籽。

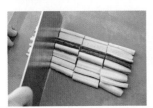

切段。

拌鹽壓重物。

善用廚房鍋具，讓漬菜出水。

必學菜餚：鹽味小黃瓜

材料：

小黃瓜兩公斤。

調味料：

砂糖二分之一大匙、鹽半茶匙、香油四大匙。

刀法：

五爪。小黃瓜橫剖一切二，斜切第一刀第一塊不要，斜切四刀連刀不斷，
第五刀切斷，即成五爪形狀。

做法：

1.小黃瓜經基本法處理，食材剩一點四公斤。

2.加入所有調味料拌勻，醃三十分鐘即可食用。

五爪刀是連切四刀不斷，第五
刀切斷。

展開五片，像扇子。

必學菜餚：蒜辣小黃瓜

材料：

小黃瓜兩公斤。大蒜十二粒、紅辣椒四條。

調味料：

辣豆瓣四大匙、醬油三分之二大匙、砂糖兩大匙、白醋三大匙、辣油三大匙、香油兩大匙。

刀法：

條狀。去頭尾，一條條對切再對切成四條，先去籽，再切成四小段。

做法：

1.小黃瓜經基本法處理，食材剩一點四公斤。

2.大蒜拍扁，切成小指甲片大小；紅辣椒去蒂，斜切成片。

3.混合所有材料和調味料，拌勻，醃三小時即可。

蒜辣小黃瓜經過保師傅的巧妙調味，口味更圓潤。

必學菜餚：醬醃大頭菜

材料：

大頭菜兩公斤。嫩薑四十克、大
蒜十二粒。

調味料：

醬油五大匙、砂糖兩點五大匙、
米酒兩大匙、香油一點五大匙。

刀法：

片狀。表面劃刀，先切出四方小
厚條，在二至二點五公分見方之
內即可，但厚度為零點八公分。

做法：

1.大頭菜去皮，經基本法處理，食
材剩一點二公斤。

2.嫩薑切成小菱形片，大蒜切片。

3.混合所有材料和調味料，拌勻，
冷藏放置一天，隨時翻動，入味
方食。

醬醃大頭菜是台灣老阿嬤的口味。

必學菜餚：腐乳菜心

材料：

去皮大菜心淨重兩公斤。

調味料：

深土色的陳年客家豆醬豆腐乳五大匙、原汁一大匙、醬油一大匙、砂糖四點五大匙、米酒兩大匙、香油三大匙。

刀法：

一頭厚一頭扁的斜厚片。菜刀打斜切片，厚的那頭零點七公分，扁的那頭為零點一公分。

做法：

1. 去皮大菜心經基本法處理，食材剩一點五公斤。
2. 客家豆醬豆腐乳利用篩網濾出五大匙泥。
3. 混合所有材料和調味料，拌勻，醃三小時即可食。

腐乳菜心使用客家口味的豆腐乳，很適合配稀飯。

必學菜餚：酒香蘿蔔

材料：

洗淨的白蘿蔔連皮帶肉，削下一公分厚度，淨重兩公斤。

調味料：

哈哈辣豆瓣醬 六大匙、醬油一點五大匙、高粱酒三大匙、砂糖五大匙、白醋四大匙、辣油三大匙、香油三大匙。

刀法：

條狀。長五公分，寬與厚皆一公分的條狀。

做法：

1. 白蘿蔔皮經基本法處理，但鹽巴改為1.2%，再加砂糖3%，食材剩一點四公斤。

2. 混合所有材料和調味料，拌匀，冷藏，醃兩天以上，入味才能去皮之辛辣味苦。

酒香蘿蔔是廢物利用，使用白蘿蔔皮醃漬。

必學菜餚：麻辣大頭菜

材料：

大頭菜兩公斤。大蒜十二粒、番茄少許。

調味料：

寶川粗花椒粉兩大匙、辣油五大匙、香油一大匙、萬用糖醋汁*兩百克。

刀法：

梳子片。去皮對切，在圓弧外球體切三分之一深度，每間隔零點五公分切一刀，然後逆切零點二公分的薄片，即為梳子刀。

做法：

1. 大頭菜去皮，經基本法處理，食材剩約一點二公斤。（大頭菜很脆，切薄片之後抓拌易斷，必須小心再小心）
2. 大蒜切末。
3. 混合所有材料和調味料，拌勻，醃四十分鐘，上桌前切番茄丁點綴。

麻辣大頭菜運用梳子片的刀法，像梳子般的鋸齒狀，看起來好特別，吃起來更有口感。

*萬用糖醋汁：六百CC工研白醋加十二兩砂糖加六克鹽巴。

麻辣大頭菜就是保師傅學徒時，跟外場阿姨學做的小菜，距今四十年。

必學菜餚：香菜紅白蘿蔔絲（速成版）

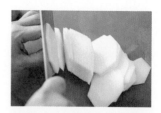

白蘿蔔與紅蘿蔔先切片，再切絲。

材料：
白蘿蔔一點四公斤、紅蘿蔔零點六公斤。大蒜十二粒、香菜五十克。

刀法：
細絲狀。先切片，排列整齊再切絲。

調味料：
鹽巴半茶匙、香油五大匙、砂糖三大匙、白醋五大匙。

前置：
1. 紅白蘿蔔去皮切絲，秤出重量，加入鹽巴1%，用手抓拌兩分鐘，軟化出水。
2. 取冷開水洗去苦水，用紗布包起擰乾水分。

做法：
1. 大蒜拍扁切成米粒狀，香菜梗剁末，香菜葉略切。
2. 混合所有材料和調味料，現拌現食。

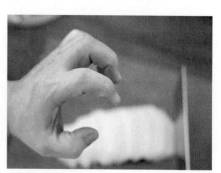

先練虎爪，讓手指第一指節的關節卡住菜刀，切菜就不會切到手。

必學菜餚：醋溜窩筍

材料：

去皮窩筍淨重兩公斤。嫩薑絲八十克、紅辣椒絲八條。

調味料：

鹽巴三分之二茶匙、砂糖兩大匙、白醋六大匙、香油六大匙。

刀法：

長尖滾刀。一般切菜，刀子與食材呈九十度角，切滾刀塊為四十五度角，長尖滾刀的角度更大，切出長五至六公分的尖錐形。

長滾刀與一般滾刀塊差在下刀的角度比較小而已。

做法：

1. 去皮窩筍經基本法處理，食材剩一點四至一點五公斤。
2. 嫩薑切絲，紅辣椒去蒂去籽切絲。
3. 混合所有材料和調味料，拌勻，醃一個小時即可食。

必學菜餚：熗辣白菜
（殺青法版）

材料：
高麗菜淨重兩公斤。嫩薑一百克、紅辣椒十條、花椒粒兩點五大匙、乾辣椒三分之二飯碗。另備：鋼盆與鍋蓋。

調味料：
萬用糖醋水兩百八十克、鹽巴九克、香油七大匙。

刀法：
手撕大片狀，六公分見方。

做法：
1.大火煮沸一鍋水，放進高麗菜，燙三十秒，上下翻動，再燙三十秒，立刻瀝出，瀝乾水分，等待半小時，移至鋼盆。
2.乾辣椒剪成一公分小段，放進粗孔漏杓抖掉乾辣椒籽。嫩薑與辣椒切絲。
3.萬用糖醋水淋進高麗菜裡，再撒上鹽巴、堆上薑絲與辣椒絲。
4.冷鍋加熱香油七大匙，開大火，油溫達攝氏八十度，放花椒與乾辣椒煸至冒煙約攝氏一百八十度。
5.整鍋油連花椒與乾辣椒，迅速澆淋在高麗菜上（操作請小心，會噴濺，很大聲），立刻蓋上鍋蓋，燜二十分鐘。
6.掀蓋，拌勻所有材料，醃半小時即食，冰涼味更佳。

煮粥

基本法

民國五十七年中秋節前後的颱風天，聽聞三重淹大水，我大哥曾秀欽與店裡師傅清標當下立刻煮了兩大鍋熱騰騰的鹹粥想送到三重賑災，當時路斷橋不通，一群人把鍋當船，一路扶持，搖搖晃晃，涉水護送。

大哥怕粥冷無味，五花肉煸得乾又香，以油脂封住熱度，又想到吃粥驅寒，所以拼命往鍋裡撒白胡椒粉，雖然當時我還小，但出發前分食到的那一碗鹹粥滋味，讓我畢生難忘。

飯粥

　　取飯煮粥，非常方便，所有材料，全部下鍋，胡攪蠻纏，稀哩呼嚕，一瞬之間，全家吃飽。

　　飯粥基本法：比例為白飯一：清水或高湯四

必學菜餚：台式肉粥

台式肉粥的材料多是有香味的，如香菇、蝦米、芹菜等。

材料：

白飯一碗、高湯*四碗、青蔥一枝、乾香菇兩朵、蝦米一大匙、五花肉七十五克、梅花瘦肉一百二十克、熟筍一枝、油蔥酥一大匙、芹菜一枝、豬油一大匙、鹽巴與白胡椒粉適量。

調味料：

豬油一大匙、鹽巴與白胡椒粉適量。

肉絲抓碼。

醃肉汁：

醬油三分之一大匙、鹽巴一咪咪、糖二分之一茶匙、胡椒粉撒三下、米酒少許、太白粉八克。

紅蔥頭環切成圈，入熱油酥炸瀝乾。

前置：

1. 青蔥切粒、乾香菇泡水發漲再切絲、蝦米泡水三分鐘瀝起、五花肉和熟筍均切絲、芹菜切末。
2. 梅花肉切粗絲，加醃肉汁抓拌均勻。

台式肉粥香不香，爆香是關鍵。

大滾時，記得撈除浮沫，讓湯頭乾淨。

做法：

1. 中大火熱鍋，放豬油一大匙爆香蔥粒，五花肉、蝦米、香菇、筍絲全部下鍋翻炒。

2. 聞香味，入米酒、高湯、白飯，待煮沸轉小火，煮四分鐘見米粒漲開。

3. 將梅花肉一條一條放入粥裡，見紅轉白，試味，以鹽巴調整。

4. 倒入碗中，撒胡椒粉、芹菜末、油蔥酥即上桌。

*專業煉湯術：

高湯：比例為水二，材料一。雞骨兩公斤、豬骨三公斤，汆燙洗淨，放入十公斤的清水裡，煮沸轉小火，熬四至五小時，可取六公斤高湯。中途不可蓋鍋蓋，湯色才會清澈。

二湯：煉好高湯，取出打包，冷凍保存，原鍋底材料再加水五公斤，同樣熬煮四、五小時，可取二湯約兩公斤，用於做菜調味。

保師傅對台式肉粥記憶，來自他大哥曾秀欽年輕時賑濟三重大水。

必學菜餚：上海泡飯

材料：

白飯一碗、高湯四碗、青江菜兩棵、青
蔥一枝、熟筍一枝、鴻禧菇一包、瑤柱
三粒。

調味料：

豬油一大匙、紹興酒三分之一大匙、鹽
巴。

前置：

1. 瑤柱洗淨，放進碗裡，泡水淹過兩公
   分高，倒入紹興酒四分之一瓶蓋，蒸
   一個半小時，再用手把瑤柱稍為捏
   碎，蒸汁留用。
2. 青江菜洗淨切絲、青蔥切粒、熟筍切
   絲、鴻禧菇去頭剝開。

做法：

1. 豬油爆香青蔥，放入鴻禧菇、熟筍拌
   炒，熗紹興酒，加高湯、瑤柱與瑤柱
   蒸汁。
2. 加進白飯，煮四分鐘，至汁稠厚，放
   青江菜，待滾試味調整即起。

上海泡飯材料簡單，但提味關鍵在
瑤柱。

同樣是高湯煮白飯，煮出讓全家飽
足又開心的一鍋好粥。

白粥

　　白米煮成粥，完全照比例，不過有人愛吃更稠的口感，可改成米一：清水八。至於用大同電鍋煮白粥也很方便，但隔水密封蒸煮，水氣散失少，若想吃濃稠白米粥，米與水可至一比七。

白粥基本法：比例白米一：清水十。

材料：
白米一杯、清水十杯。

做法：
1.米洗淨，水煮滾，才放米，煮二十至二十五分鐘，隨時攪拌，避免黏鍋。
2.熄火加蓋，燜五分鐘，粥更美味。
3.可同時加入紅黃地瓜一起煮成地瓜粥。

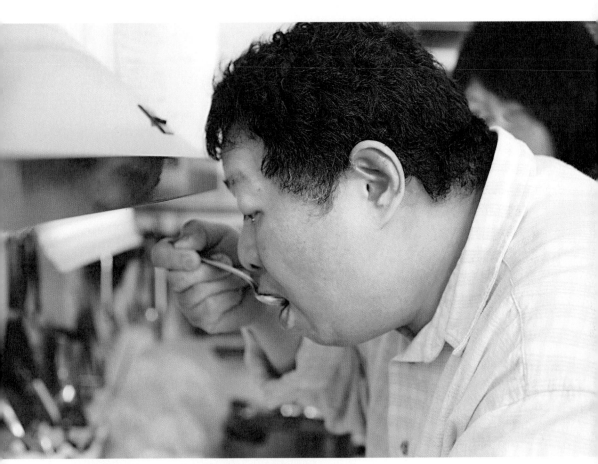

自從保師傅退休後，原本是我煮飯，現在輪他掌杓。

煉油

基本法

市售豬油是氫化的精煉油脂，使用最差的內臟肥肉所提煉，不夠純，不夠香，也不健康，自己煉油可掌握油脂的新鮮度，還有品質與香氣。

雞油入菜，滋味香醇，口感滑潤，比沙拉油好，適合老人家。花椒油可增加菜餚的層次感與豐富度，微麻的刺激與迷人的香氣，引人胃口大開。

蔥油專用於拌麵、炒菜，是豬油的輔助品，昔日四川菜與上海菜最常用，是料理絕妙的隱味，不見蔥薑卻滿口馨香。

一波波食安風暴，讓市售辣油也洩了底，冶豔噴香不是來自辣椒，而是香料與色素混合而成，所以自己煉油，最為真實，在《大廚在我家》這一本書中曾公開保師傅秘製紅油的做法，但是由於是商用配方，紅油一煉就要二十公斤，因此在《大廚在我家2大廚基本法》再度公布簡易辣油做法，人人在家皆可輕鬆操作，雖然用油少取量也少，不過香氣飽滿，並未打折扣。

食安問題頻仍，擔心食用油不安全，何不在家自己煉油，知道新鮮程度，懂得掌握份量，即使少少幾滴，充份發揮香氣，令人食慾大開！圖左為豬油，右為雞油。

自製雞油

材料：

生雞油一斤，大姆指般老薑一塊切片、紹興酒半瓶蓋。

做法：

1.向雞肉攤購買雞大腿內側的生雞油。

2.沖水洗淨，用餐巾紙按壓吸乾水分。

3.生雞油放進碗裡，鋪上老薑，淋上紹興酒，覆蓋保鮮膜，蒸八十分鐘。

4.取出油渣與薑片，待油冷卻再裝小瓶，冷藏保存兩周，冷凍保存半年。

雞油利用法：

可取代豬油，拌麵、煮麵、炒飯，燙青菜、燴蔬菜等。

煉雞油，以蒸為宜，放薑加酒，入電鍋即完成，但雞油含水量高，易敗壞，宜少量製作。

自製豬油

材料：

豬大油（五花肉的油脂）一斤、青蔥一枝切三段、大姆指般老薑一塊切片。

跟豬肉販買豬大油，並拜託代為切丁。

做法：

1.到豬肉攤購買豬大油，並代切為兩公分見方的小丁。

2.冷鍋放大油，同時放入青蔥與老薑，開中火慢慢煉，油溫保持在攝氏一百六十度左右，不能令其冒煙過熱。

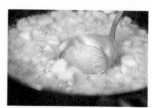

榨油不能急，見油丁少，油大出，才取油。

3.當油跑出一半時，即可慢慢取油，先取出其中一半，直到油渣轉成金黃色，加溫至攝氏一百七十度，令其變酥變脆，即可熄火瀝渣、倒出所有豬油。

4.豬油待冷裝小瓶，冷藏保存兩周，冷凍保存半年。

豬油渣運用範圍很廣，可滷筍乾、製辣椒醬。

豬油渣利用法：

可沾糖、沾醬油膏直接食用，亦可切碎炒製豆豉辣椒，還能充當油蔥酥煮麵或拌麵，或滷筍乾、做滷肉飯等。

自製花椒油

材料：

大紅袍花椒一碗、花生油三碗（或是沙拉油兩碗加香油一碗）

做法：

1. 中火熱油至攝氏八十度，倒入花椒，煉到油溫升至攝氏一百五十度，轉小火，泡炸十五分鐘，千萬不能讓油過熱冒煙，否則花椒由香轉苦。
2. 開大火，加溫至攝氏一百六十度，熄火，浸泡至油冷，花椒粒可不瀝出，連油裝瓶保存。
3. 花椒油待冷裝瓶，冷藏保存一年。

花椒油利用法：

可用於各種涼拌、炒銀芽、炒如意菜、醋炒馬鈴薯絲、紅燒烏參等。

花椒油是
夏日涼拌的
重要推手。

自製蔥油

蔥薑蒜還帶洋蔥，是自製蔥油的香氣來源。

材料：

沙拉油兩百克、豬油兩百克，青蔥兩百克切段拍扁、洋蔥一百克切粗絲、老薑四十克切片、帶皮大蒜二十克略拍扁。

做法：

1. 沙拉油加豬油，中大火燒至攝氏八十度，放進青蔥、洋蔥、老薑，以及帶皮大蒜，炸約十二至十五分鐘，見蔥薑等浮起，並聞到焦香味，即可瀝出辛香料。（炸過的辛香料不要丟棄，滷肉最香最好用）

炸辛香料要小心，最好洗淨後陰乾，避免油爆令人害怕。

2. 蔥油待冷裝小瓶，冷藏保存兩周，冷凍保存半年。

蔥油利用法：

炒雞丁、炒牛肉、蒸魚淋油、紅燒雞、紅燒肉、炒飯、炒麵、燙炒青菜等。

利用大量辛香料來製作蔥油，讓簡單拌麵都不同凡響。

保師傅簡易辣油

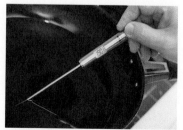

在家製作簡易辣油，也要精確掌握溫度。

材料：

粗辣椒粉一百克、寶川粗花椒粉三十克、寶川辣豆瓣醬二十克，白芝麻二十五克、青蔥兩枝略拍、老薑三十克拍裂、帶皮大蒜二十克拍扁、香菜梗十五克。另備：沙拉油三百克、花生油一百五十克、香油一百五十克。

做法：

1. 備兩個大湯鍋*，容量至少五公升，A鍋倒入所有油，B鍋放進所有粉與白芝麻、辣豆瓣醬。

熱油與材料各放一鍋。

2. 加熱A油鍋至攝氏一百九十度，熄火後放入蔥薑蒜與香菜，炸約兩分鐘，見浮起即撈除。

3. 加熱A鍋至攝氏一百七十度，熄火後以湯杓小心取油，慢慢澆入B鍋裡，中途用筷子攪散B鍋粉末，當熱油舀至一半時，將剩油直接淋進B鍋，靜置三小時即可使用。

澆淋熱油務必非常非常非常小心，滾沸冒泡如火山爆發，要有心理準備。

4. 同樣放冷裝小瓶，冷凍或冷藏保存。

*熱油突遇乾粉，形成冒泡火山狀，務必小心操作，湯鍋容量必須夠大。

我的師叔王玉璋

文／曾秀保

民國六十三年我十六歲，父親曾少林送我進千大川菜餐廳學做點心。工作一年多，跟外場打架起衝突，就跑去青城川菜，天天看著川菜名廚，老闆張正祿外號張老九起煤炭爐、做毛肚火鍋。待了半年我又走了，在蓬萊閣我遇到父親在上海一起工作的師弟，我的師叔王玉璋。

王玉璋是典型的江蘇揚州人，一開口就罵人，六十幾歲的人，長得像香港邵氏導演李翰祥，臉圓圓，頭禿禿，抽著煙，噘著嘴，他X的小XX，他X的爛XX，髒話天天掛在嘴上。記憶中，師叔很偉大很遙遠，從來沒教我做東西，我跟著他的徒弟林昌順學習，沒想到二十幾年後，再遇林師傅，他早從點心轉做砧板，而我已經是五星級飯店的行政主廚。

早年的蓬萊閣是一家很有名的夜總會，在那裡工作的廚師從下午三點上到凌晨一點半，從晚餐賣到宵夜，供應川揚菜與揚州點心，駐唱歌星有孫情、張帝、張魁、凌風、高凌風等，固定主持人是向娃，而陳盈潔剛出道，甄秀珍才十六歲，全還年輕，至於客人的最低消費是一百五十元，服務費加到四成九，在當時可說是非常昂貴。

王玉璋是民國三十八年間從大陸來台，首屈一指的淮揚點心大師，雖是點心師傅出身，也是蓬萊閣的總主廚，我曾在廣播中聽到歌星孫情的老婆秋華，盛讚王玉璋的小籠包、蘿蔔絲酥餅有多麼好吃，那時候哪裡有鼎泰豐，點心界只有王玉璋。

蓬萊閣最著名的有：宮保雞丁、冷糖醋排骨、上海煨麵，火鍋等等，知名點心是：蘿蔔絲酥餅、豆沙酥餅、梅干大包、菜肉大包、鮮肉大

包、豆沙大包、芝麻大包、糯米燒賣、菜肉蒸餃等等，而我的小籠包就在
那裡學會的。

記得進去工作的第一天，便看到王玉璋的養子鄭忠伯埋頭苦幹，一會兒
做糖醋排骨，一會兒紅燒肉準備做點心，一直站在爐灶前，一鍋到底忙個
不停。做梅干包子和糯米燒賣用的乾鍋燒肉，用蔥薑開陽爆香，肉下鍋一
直炒炒炒，然後噴紹興酒、醬油、高湯，砂糖下很重，白胡椒粉來一點
兒，收到油汁冒出來，整鍋肉亮晶晶、香噴噴，好不誘人。

王玉璋的蘿蔔絲酥餅最出名，四十年前兩粒要價七十元，客人津津樂
道，花錢不手軟，就是因為他改變了白蘿蔔絲的處理方法，讓辛辣脆口的
內餡變得溫柔多汁。

別人家的蘿蔔絲是撒鹽巴醃出水，但師叔卻不用鹽，改用開水快速氽燙
再擠水，蘿蔔絲仍保有爽脆口感卻不會鹹，之後也比較容易調味，而且他

的蘿蔔絲餡加了好多料，除了金華火腿、開陽、蔥花、熟豬油、白胡椒粉、香油等，還加進蝦仁丁，讓小小點心滋味鮮甜不已，客人來了，現點現炸，蘿蔔絲酥餅在那個時候就不是烤的，而是油炸出來的。

至於他的糯米燒賣就更神了，其實外省人多半不會做油飯，看八寶鴨和糯米燒賣便知，全是冷水蒸糯米，米飯一粒粒硬梆梆，還有不熟的高低粒，有的完整，有的碎裂，口感完全不Q。但聰明絕頂的師叔教徒子徒孫們用熱水浸糯米，時間為六至十分鐘，再把糯米表面黏黏的糊化物洗掉，之後上籠乾蒸，邊蒸邊灑水，出爐的糯米飯又軟又香。

當上飯店大廚，一方面心思全放在菜餚上面，另一方面又覺得師叔的點心很麻煩，所以很少派上用場。民國九十五年從亞都麗緻飯店退休，時間變多了，教學時偶爾秀一下師叔的絕活，沒想到學生回家依樣畫葫蘆做父親吃，她父親咬了一口，淚流滿面說：「這是家鄉的糯米燒賣，小時候記憶中的味道啊！」

以前做學徒很辛苦，第一天看師傅燒菜，第二天師傅就叫你去燒，師叔的徒弟林昌順身高不及一六〇，爐子不會炒，刀子不會切，只會做點心，

我先生曾秀保保師傅無論是在飯店當大廚、在學校做老師，還是退休回家乖乖當煮夫做菜給我吃，只要走進廚房，態度都是一板一眼，雖然很愛買鍋子，很愛嘗試新食材、新調味，但對中華料理的基本功絕不打折扣，從做菜看見他的做人。

我跟了他之後，凡是要上爐子的工作就是我來做，林昌順是台灣人，也很囉唆很會念，但沒有王玉璋會罵人，他見誰都罵。

有一次我發好一塊麵，師叔一壓一揉發現裡面有硬疙瘩，捏出來丟掉再揉，沒想到又發現一塊，他當下捏出來就要塞進我嘴裡，我下意識左手一擋，右手握拳就要揍下去，當時做頭爐的陳文石就撲過來制止了我，於是我便離開了蓬萊閣。

陳文石的父親外號叫陳瞎子，跟我父親很熟，而陳師傅的手藝非常好，他的白椒砂鍋魚頭、麒麟蒸魚在當時就很有名，而當年廚房裡還有另一位川菜名廚劉憶年，一位很風趣的外省老頭，人慈祥又肯教菜。

記得有一次他叫我去洗麵筋，準備要做羅漢素燴，一大塊麵團換了二十幾桶水，一塊洗成半塊，愈洗愈火大，然而粉洗掉，留下的正是麵筋。煮洋菜做杏仁豆腐也是他教我的。雖然在蓬萊閣也沒待多久，學到的卻很多，就連凌晨一點下班前的員工飯菜也很精采，每位師傅紛紛秀出拿手絕活，陳文石做的家常寬麵令我念念不忘，寬麵煮熟拌一點兒豬油醬油，上面覆蓋四季豆牛肉絲炒甜麵醬，滋味就像京醬肉絲，好吃得不得了。

只教會我罵人的師叔，除了蘿蔔絲餅的內餡與眾不同，芝麻球表面沾黏芝麻的方法也令我茅塞頓開。

糯米球搓圓了，先沾水才能沾上芝麻，然後再下鍋油炸，可是一入油鍋，芝麻全都跑光，讓我很困擾。有一天他老人家瞄到了，開口狂吼：「小保，拿去蒸籠蒸五秒鐘。」乍聽這個指令就一肚子火，蒸五秒鐘能幹什麼啦！這火候完全沒意義，內心XXX，手裡照著做，沒想到奇蹟出現了。

蒸了五秒再沾芝麻的芝麻球，一下油鍋，半粒兒芝麻都沒掉，嘿，這老

頭兒果真有一套。年紀漸長，開始會想，過去種種猶如基礎養成，師叔的手藝如同黑白影片，不時在我腦中快轉出現，雖然沒有直接教我做，卻總是叫我準備材料，讓我得以一窺究竟，學得半點皮毛。

例如先蒸後煎的寧式鍋貼、利用藕粉製作的葛粉圓子、從四個洞變十個洞的蒸餃、一個包子剪了五、六十刀開成蓮花座變蓮花包，還有現在鼎泰豐熱賣的千層糕，若與當時普遍的做法相比較，根本是偷工減料的陽春版，更何況師叔還自創花式加料的千層糕。

葛粉圓子，江南著名點心，但台灣那個時候沒有葛粉，所以用蓮藕粉替代，花生剁碎，芝麻炒香壓碎，紅棗去籽剁碎，豬板油和冬瓜糖全都剁碎，再混入大量細白糖，捏成花生大小般的顆粒，先裹粉，再燙水，前後裹上五六層之多，變成大彈珠，再煮進杏仁茶裡，而杏仁茶的做法是清水加三花奶水，再加杏仁精與砂糖，最後用糯米粉勾芡。

蒸餃是生熟餡拌和，炒香的絞肉有爆香的蔥薑和開陽，筍子與香菇，還有醬油、糖與酒的味道，先炒好放冷，再拌進調味好的生絞肉，生與熟一比一，蒸出來的湯汁才不會那麼多。

花式蒸餃的收口可從一個洞捏成十個洞，小洞裡可填入黃、黑、紅、綠、白等不同色彩的食材，黃是蛋黃加芡粉水蒸熟再壓碎，黑是香菇或木耳剁碎，紅蘿蔔末、火腿末或家鄉肉末就是紅，綠為青豆或是菠菜、雪裡紅等去苦水剁碎，白可是蒸蛋白或熟末，有時候直接用罐頭玉米，或是蝦仁丁。最常見是二個洞，命名為雙喜或雙色，火腿配蛋黃色最美，四是四喜，五則是梅花，花式蒸餃的名稱都好聽。

我也看過幾次師叔拿手的蓮花包與開花包，技法都很炫，令人覺得不可思議。蒸熟的包子撕掉光滑的外皮，露出像毛巾一般粗粗的模樣，再用剪刀剪下五、六十刀，像是蓮花座，開出蓮花包。

《大廚在我家2大廚基本法》有乾兒子洲洲拔鏟相助，相信美味要傳承，技術先延續，馬步得紮穩，觀念必正確，也希望擁有此書，人人皆大廚。

做開花包先備八寶料，有：紅綠絲、冬瓜糖、金桔餅、葡萄乾、大納豆、桂圓、紅棗等，放在一起剁碎，全都沾在一起，撒上一點兒太白粉就不會那麼黏手。再將發麵揉成條，用刀劃開，塞進八寶料，翻過另一邊，也一樣劃開、塞料，然後掐成一塊塊去蒸，兩邊就會爆開，形成開花包，要訣是泡打粉要多加一點兒，才會成功。

王玉璋的千層油糕更厲害，別人夾熟板油丁、八寶料與砂糖，他放的是醃過糖的生板油丁，蒸熟了油丁變透明，更香更美更好吃。

別人是將麵團擀開，料擺中間，兩側回折，重覆兩次變成九折，但師叔直接將鋪料的麵團捲成長條，擀開才回折成三層，光是捲一次折一次就能創造三、四十層之多，而且還重覆兩次，所以是名副其實的千層糕。最後撒上櫻桃末裝飾而不用廉價的紅綠絲，蒸籠底先抹一層麻油，再鋪一張豆腐皮，蒸出來特別香，這就是師叔膾炙人口的千層油糕。

此外，師叔的素菜包與素蒸餃也很有名，內餡豐富多口感，做法比別人更為繁複。一般內餡沒加幾樣東西，通常是青江菜、筍子、香菇、洋菇等燙一燙，剁碎脫水，拌鹽巴、麻油、胡椒粉、砂糖與味精，可是王玉璋做素菜包只有青江菜用燙的，而且十斤料，青江菜只占一半，另一半是除了香菇、筍子、洋菇，還多加了白豆干和黃花菜，以及炒香的白芝麻。

若是花素餡，用豬油和麻油爆蔥花與薑末，先炒洋菇、香菇與筍子，再加黃花菜，放進炸過的白豆干，噴醬油，撒砂糖和胡椒，加酒不加水，另一邊則燙青江菜，剁碎脫水後另行調味，兩者再混合，拌餡時浮出一層油，讓素菜包和素蒸餃很香很好吃，卻也油到很難包。

料理好吃，不厭其煩，粗菜細做，自古皆然，我出身川菜世家，從點心入行，學習川、湘、蘇、浙等菜系，以做小菜、烹老菜聞名，坐上觀光飯店中餐行政主廚，並自創涼麵宴、鑽研台菜與小吃，一路走來，從不迎合時下最流行的減法做菜，哪怕是已退休，半玩票教做菜，還是繼續囉哩叭嗦，從基礎功為出發點，以追求極致美味為目標，我想這一切都要感謝我的師叔王玉璋。

感謝台北市西門町明光食品行、南門市場地下一樓阿萬專業蔬菜攤，以及國立高雄餐旅大學的協助。

國家圖書館出版品預行編目資料

大廚在我家2大廚基本法 / 曾秀保示範；王瑞
瑤著. -- 初版. -- 臺北市：皇冠, 2014.07
　　面；　公分. -- (皇冠叢書；第4405種)(玩味；
3)
ISBN 978-957-33-3088-2(平裝)

1.食譜

427.1　　　　　　　　　　　　　　103011839

皇冠叢書第4405種
玩味 03
大廚在我家2

大廚基本法

作　　者—曾秀保 ◎示範　王瑞瑤◎著
發 行 人—平　雲
出版發行—皇冠文化出版有限公司
　　　　　台北市敦化北路120巷50號
　　　　　電話◎02-27168888
　　　　　郵撥帳號◎15261516號
　　　　　皇冠出版社(香港)有限公司
　　　　　香港銅鑼灣道180號百樂商業中心
　　　　　19字樓1903室
　　　　　電話◎2529-1778　傳真◎2527-0904
美術設計—宋　萱
攝　　影—高政全
著作完成日期—2014年4月
初版一刷日期—2014年7月
初版七刷日期—2023年12月
法律顧問—王惠光律師
有著作權・翻印必究
如有破損或裝訂錯誤，請寄回本社更換
讀者服務傳真專線◎02-27150507
電腦編號◎542003
ISBN◎978-957-33-3088-2
Printed in Taiwan
本書定價◎新台幣380元/港幣127元

●皇冠讀樂網：www.crown.com.tw
●皇冠Facebook：www.facebook.com/crownbook
●皇冠Instagram：www.instagram.com/crownbook1954
●皇冠蝦皮商城：shopee.tw/crown_tw